黄土高原
村民环境行为研究

HUANGTU GAOYUAN
CUNMIN HUANJING XINGWEI
YANJIU

▶ 林 蓉 ◎著

安徽师范大学出版社
ANHUI NORMAL UNIVERSITY PRESS
·芜湖·

图书在版编目(CIP)数据

黄土高原村民环境行为研究 / 林蓉著. -- 芜湖：
安徽师范大学出版社, 2025.1
ISBN 978-7-5676-6670-2

Ⅰ.①黄… Ⅱ.①林… Ⅲ.①黄土高原—生态环境—
研究 Ⅳ.①X171.4

中国国家版本馆CIP数据核字(2024)第047508号

黄土高原村民环境行为研究

林蓉◎著

责任编辑：夏珊珊　　　责任校对：陈贻云
装帧设计：王晴晴　　　责任印制：桑国磊
出版发行：安徽师范大学出版社
　　　　芜湖市北京中路2号安徽师范大学赭山校区　　邮政编码：241000
网　　　址：https://press.ahnu.edu.cn
发 行 部：0553-3883578 5910327 5910310(传真)
印　　　刷：江苏凤凰数码印务有限公司
版　　　次：2025年1月第1版
印　　　次：2025年1月第1次印刷
规　　　格：700 mm×1000 mm　1/16
印　　　张：13.25
字　　　数：194千字
书　　　号：978-7-5676-6670-2
定　　　价：49.80元

凡发现图书有质量问题,请与我社联系(联系电话:0553-5910315)

序

　　林蓉的博士论文修订完善后即将正式出版，邀请我写序。我作为她的指导教师很高兴，在此把她博士论文调查及写作过程中的一些故事与读者分享。

　　林蓉是我们社会学系高燕老师带的硕士，她毕业工作几年后，于2014年考入河海大学随我读博士。在确定博士论文的选题之前，她参与了同门内的一些课题研究，先后在四川金川、山东临沂、河南孟津、浙江德清做过一些调研，积累了较为丰富的田野经验。选择黄土高原上的村庄进行博士论文的研究，有一定的偶然性。

　　2015年12月，我带几位同学来到甘肃省甘谷县，为2012级的博士生谢丽丽确定博士论文主题。除此之外，我对黄土高原其他方面的问题也颇感兴趣。我们在谢丽丽老家的村庄——谢村，访问了村里的小学老师文老师。那天正下着雪，我们坐在文老师家暖和的炕上，喝着罐罐茶，聊着村庄里的事。文老师是本地人，也是一个有文化、爱思考的乡村教师，不仅熟悉村庄里发生的各种历史事件，也有自己的判断和想法，还会提出一些他思考已久但仍然没有答案的问题。对于生长和工作在南方的我而言，黄土高原是神话一般的存在；读过马立博的《中国环境史：从史前到现代》之后，黄土高原对我又多添了几分诱惑。此次调研正是一个很好的机会，可以坐在黄土垒起来的炕上体验农家的日常生活，回溯黄土高原的过往岁月。我们聊了文老师所熟悉的那段生活，包括人民公社时期的栽树、修梯田、筑大坝，20世纪八十年代后期至九十年代持续十年的干旱、泉眼干枯、树木被砍伐，然后又聊了花椒、苹果种植等情况。我感到，谢村的环境演变是个有趣的故事，它的故事在某种程度上也可能是众多黄土高原乡村的一个缩影。这是偶然的"撞着",但最终可以成为林蓉的博士论文选题,也正是她早期对农村生活的熟悉和对环境议题的敏感,才可以将此田野点加以开发。后来,经过我们的多次讨论,林蓉初步确定把谢村作为她博士论文的田野点。

经过近半年的准备,2016年5月林蓉去甘谷县谢村开始她的博士论文田野调查。调查期间,他们与村民"同吃、同住、同劳动"。日常用水问题是他们驻扎下来首先要解决的一个难题。他们与邻居沟通协商,找邻居有偿借用一部分水。当看到邻居家的窖水也不太富余时,他们尝试利用起自家院里的水窖。水窖因年久未用,需要清理和疏通。他们先把水窖里原有的废水一桶桶提上来,再把水窖清洗干净,然后打扫院子、疏通进水道,下雨的时候再储上水。正是在这一过程中,他们深刻体验了"缺水社会"将水窖作为重要储水设备的"节水型"生活。在寒冷的天气里,他们尝试用秸秆烧火炕。在文老师的带领下,他们爬上层层梯田,俯瞰整个村庄,走遍附近的大沟小壑,熟悉村庄的地形地貌和村民的基本生活。在花椒地里,他们与村民共同劳动,了解花椒种植情况,感受花椒采摘的不易。他们从村庄步行四十多分钟到镇里,采购日常所需,感受镇上的集市新鲜生活。

田野调查期间,我和林蓉经常电话交流。林蓉把实地调查中的情况说给我听,提出她调查中遇到的困惑和难点。我若能解答的则立马解答;若无法解答的,则提供可能的资料获取路径,或可能的访问对象。我印象最深刻的是关于干旱问题的讨论。普通的质性研究只能提供一个大概的描述,但我建议她把村庄里的所有水井调查清楚,包括开挖的时间等信息在内,做成水井清单,这样就有足够的证据来论证自己的设想。同样,我建议查阅县域内的气象数据,与实地调查所反映的干旱景象相互印证,使得关于20世纪八十年代末至九十年代初十年大旱的说法具有科学的依据。

2017年7月,我和一些学生再次来到林蓉的田野点,在村里住了几天。走访了谢村的梁卯沟壑,体会黄土高原的自然环境,尝试理解环境变迁与当地居民的生计关系。逗留期间,我们就林蓉田野调查中遇到的有趣点、困难点进行了讨论。之后,我们又到邻市通渭县榜罗镇战国秦长城遗址旁的村庄，访问了一位坚持种树四十多年的老人。老人所展示的绿化成果，使我们相信黄土高原的环境有很强的可塑性，其生计的多样性也超越了我们原有的刻板印象。

黄土高原的水土流失有自然方面的原因，但更多的是人类活动影响的结果。在以农为主的时期，随着人口不断增加，农业不断发展，农耕范围不断从平原、河谷川台扩展到山地丘陵，林草植被面积随之不断缩减。林草植被的破坏加剧了水土流失，使黄土高原的生态环境日趋恶化，人们的生产生活也越发困难，从而陷入"人口增加—开垦新地—植被破坏—水土流失—越垦越穷—开垦新地……"的恶性循环。因此，如何走出生态恶化与经济贫困交织的恶性循环，逐渐走向经济发展与生态恢复的互促共进之路，一直是黄土高原等生态脆弱地区所面临的一大难题。21世纪以来，工业化、城镇化的快速发展带动越来越多的农村劳动力向城市转移。这一过程对于黄土高原而言，不仅是一个经济发展的"去内卷化"过程，而且是一个农村人口环境减压的过程。在改革开放之后的近四十年时间里，大部分主要劳动力从农业生产转移到城市的非农产业，从而大大减轻了村庄内部的人口环境压力。这一人口结构的变化，改变了黄土高原农村地区的发展路径，为生态环境的恢复提供了极好的"喘息"机会。基于这样一个宏观背景，以扎实的农村调查为基础，林蓉将村民的环境行为作为研究对象，为我们呈现出新中国成立以来村民与环境之间的互动与环境变迁图景。

人民公社时期，作为红旗大队的谢村在"农业学大寨"的号召下，组织全村村民完成了修梯田、筑大坝等一系列农田基本建设工程。"梯田-树林-大坝"依地势高低构成了一个理想的水土保持系统，这一系统的形成，不仅改善了农业生产条件，提高了粮食产量，而且在一定程度上减缓了水土流失、改善了村庄环境。但在以农为主的时期，当人口不断增加，人们只能在有限的土地上"刨"生活的时候，经济发展与生态环境之间的矛盾日趋突出。

实施家庭联产承包责任制以后，在人口剧增、社会控制弱化等多种因素的影响下，村民增加了对资源的开发利用强度。除了不断加大对现有土地的开发利用强度，将很多不宜耕种的陡坡地开垦成耕地之外，为了满足房屋建设和日常薪柴所需，村民逐渐将人民公社时期栽种的刺槐树砍伐殆尽。有意思的是，1986—1999年，正好也是甘谷县气象记录的干旱年份①。降雨量减少、气温升高、人口增加、土地利用强度增大等自然与人为的因素交织在一起，使村庄的环境日趋恶化，最为明显的事实是村里的大部分泉眼逐渐干枯，村民的生活用水出现了极端的困难。

2000年以后，伴随农村劳动力的大量外流，农民的生计逐渐向非农化转变。生计的非农化转变使农民对土地的生存性依赖逐渐降低，农民的土地价值观随之改变。土地价值观的变化进而影响到人们对土地开发利用方式和行为的变化。从谢村来看，一方面，在劳动力相对缺乏、农业比较收益低、土地流转困难等因素的影响下，一部分位于山顶和陡坡的耕地被抛荒；另一方面，在退耕还林政策的推动以及市场需求的驱动下，花椒、苹果等特色经济林得到大面积发展。部分土地的"荒芜化"（非耕作）和经济林的大面积发展，增加了该地区的植被覆盖率。与历史上"农进草（林）退"的路径相反，21世纪以来黄土高原经历了"农退草（林）进"的过程。随着农村人口的进一步外流，农村人口环境压力会进一步减少，其农业发展模式还有进一步转变的空间，从而促进生态环境的恢复。

林蓉的这本书为我们理解黄土高原的生产、生活与生态环境关系及其演变趋势提供了一个有趣的可供借鉴思考的图景。我很愿意向关心黄土高原、关心环境议题的朋友推荐此书。借此机会，也希望林蓉在环境社会学研究中不断取得进步。

陈阿江

2025年1月于南京

---

① 非常感谢谢丽丽、郭雄雄帮助林蓉查阅到了气象数据，使田野的经验与宏观的科学数据互为佐证，帮助作者更准确地理解地区的干旱情况及村民的环境行为。

目　录

第一章 导 论

第一节 为什么提出黄土高原村民环境行为研究

一、水土流失严重的黄土高原

生态环境保护是中国共产党百年辉煌历史中的重要篇章。20世纪50年代，开启大江大河水患治理工程建设；20世纪70年代，参加联合国人类环境会议，召开第一次全国环境保护工作会议并审议通过我国第一个环境保护工作方针，开启"三北"防护林体系建设工程等；20世纪80年代，正式将环境保护确定为我国的一项基本国策，发布首个五年环境规划等；20世纪90年代，将可持续发展确立为国家战略，开始实施《中国跨世纪绿色工程规划》，持续推进"三北"防护林建设、天然林保护工程等。进入21世纪，我国开启科学发展的新征程，特别是在习近平生态文明思想的科学指引下，我国的生态文明建设逐渐被提升到前所未有的高度。党的十八大确立了"五位一体"的社会主义现代化建设总体布局，要求把生态文明建设融入经济建设、政治建设、文化建设、社会建设的各个方面和全过程。"绿水青山就是金山银山"的发展理念日益深入人心。党的十九大报告把"坚持人与自然和谐共生"纳入新时代坚持和发展中国特色社会主义的基本方略，明确提出我们要建设的现代化是人与自然和谐共生的现代化，并将"增强绿水青山就是金山银山的意识"写入党章。2018年，第十三届全国人民代表大会第一次会议通过了《中华人民共和国宪法修正案》，将"生态文明建设"和建设"和谐美丽"中国等内容写入宪法。党的二十大报告作出"推动绿色发展，促进人与自然和谐共生"的重大战略部署，指出"尊重自然、顺应自然、保护自然，是全面建设社会主义现代化国家的内在要求"，我们"必须牢固树立和践行绿水青山就是金山银山的理念，站在人与自然和谐共生的高度谋划发展"。

黄土高原的生态治理是我国生态文明建设的重要内容。在漫长的人类历史发展过程中，先天的自然因素和后天的人为因素叠加在一起，导致黄土高原成为我国乃至世界上水土流失较为严重的区域之一。严重的水土流失不仅影响当地的经济发展，危害生态环境，而且大量的泥沙流入黄河，造成下游河道淤积抬高，危及黄河下游平原的安全。新中国成立以来，党和国家持续不断地在黄土高原开展水土流失治理工作，先后经历了坡面治理、沟坡联合治理、小流域综合治理和退耕还林还草等阶段。经过几代人的不懈努力，黄土高原正在逐步实现从"黄山"到"绿山"的伟大转变。本书关注的正是新中国成立之后黄土高原的水土流失治理实践及其带来的生态环境变化。

作为华夏文明的摇篮和文化的发祥地，黄土高原曾是林草繁茂之地。在距今约8000—3000年的全新世中期，黄土高原气候温暖湿润，较多的降水使该地区拥有大面积的森林和草原。同时，黄土疏松肥沃，易于耕作，因此早在仰韶文化和龙山文化时期，我国先民就在黄土高原上兴起了原始旱作农业。从秦汉封建经济的繁荣，到唐代前期的鼎盛，黄土高原一直是中华民族的政治、经济、文化中心，在全国占有举足轻重的地位。

然而，随着气候的不断变化以及农耕范围的不断扩张，黄土高原的林草植被逐渐遭到破坏。从公元700多年开始，黄土高原的气候日趋干旱，适宜森林生长的地域范围逐渐向南缩减，黄土高原的森林面积随之减少。再加上农耕范围的不断扩张，黄土高原的林草植被不断遭到人为因素的破坏。伴随着人口的不断增加和农业的不断发展，农耕范围逐渐从平原、河谷川台扩展到山地丘陵，从缓坡到陡坡再到山顶，都被开垦成了耕地。再加上建筑、燃料等对木材的需求，林草植被的面积不断缩小。

林草植被的破坏加剧了黄土高原的水土流失。尤其是被开垦成耕地的陡坡地，在春季干旱与秋季暴雨的共同作用下，更容易发生水土流失。据中国科学院黄土高原综合科学考察队遥感调查计算，黄土高原地区水土流失的面积约为34万平方千米。其中每平方千米土壤侵蚀强度大于1000吨的面积约为29万平方千米，每平方千米土壤侵蚀强度大于5000吨的面积约16.6万平方千米。从各省（区）各等级强度的水土流失面积来看，每平方千米侵蚀强度大于5000吨的面积中，甘肃省最大，占各省（区）此等级总面积的36%；其次是陕西省，占34%；再次是山西省，占20%。从年侵蚀产沙量来看，陕西省最多，约8亿吨/年；甘肃省次之，约4.6亿吨/年；山西省再次之，约3.7亿吨/年。[1]

水土流失的不断加剧，使黄土高原的环境日益恶化，人们的生产生活也越发困难。不断加剧的水土流失使黄土高原的地表变得更加支离破碎，而支离破碎的地表又进一步加剧了水土流失，形成了生态的恶性循环。严重的水土流失使坡耕地成为"跑土、跑水、跑肥"的"三跑"地，人们在"三跑"地上广种薄收，形成"越垦越穷、越穷越垦"的生产恶性循环。生态的恶性循环与生产的恶性循环交织在一起，导致"人口增加—开垦新地—植被破坏—水土流失—越垦越穷—开垦新地……"的恶性循环不断蔓延。长此以往，曾经植被繁茂、塬面广阔、物产丰富的黄土高原，逐渐变成光山秃岭、沟壑纵横、灾害频发的贫瘠之地。

作为黄河流域的重要组成部分，黄土高原的水土流失还与黄河下游平原的安危紧密相关。黄土高原丘陵沟壑区流失的水土，是黄河泥沙的主要来源。从不同区域的产沙情况来看，兰州以上

---

[1] 张天曾：《黄土高原论纲》，北京：中国环境科学出版社，1993年版，第61页。

的水量占全流域的70％，而产沙量仅占6％；从内蒙古的河口镇至龙门区间的产水量占全流域的14％，产沙量却高达55％，如果再加上泾河、洛河、渭河、汾河等支流区域的产沙量，来自黄土高原地区的泥沙占全流域的近90％。①黄土高原流失的水土汇入黄河，在黄河下游不断沉积，导致下游河床升高，进而发生决溢。因此，黄土高原水土流失的治理是黄河水患治理的关键。

黄土高原不仅是我国重要的生态屏障，而且在经济发展中也发挥着承东启西、协调东西关系的重要战略作用。从地理区位来看，黄土高原处于内蒙古高原及西北内陆沙漠地区的南缘，同时又处于黄河中上游及海河上游。因此，如果其环境治理得当，黄土高原将成为抗御西北风沙侵袭的前哨阵地和捍卫华北平原环境安全的屏障；反之，如果任其生态环境持续恶化，不仅会造成自身的沙漠化及水土流失，还会加重黄河与海河下游的水患，威胁华北平原的安全。从经济区位来看，黄土高原自汉唐盛世就有通向西域以及中亚、西亚的"丝绸之路"，经陇海—兰新铁路、北疆铁路可直接与中亚铁路接轨，形成欧亚大陆桥。在当前绿色"一带一路"的建设中，黄土高原的生态治理仍然具有举足轻重的地位，是建设美丽中国、实现中华民族伟大复兴中国梦的重要组成部分，同时为共建国家推动重点领域绿色发展提供借鉴。

环境与社会相互依赖、相互影响。环境是社会发展的基础，环境的好坏影响社会发展；反过来，社会发展的模式和路径，也会对环境产生深远的影响。黄土高原环境与社会的发展，正是这一关系的集中体现。如上所述，在自然因素和人为因素的共同作用下，原本脆弱的生态环境不断恶化，进而影响人们的生产生活，使黄土高原逐渐演变为贫苦之地。如何在不断修复生态的同时，走出一条行之有效的生存和发展之路，是生态脆弱地区发展的重要议题。②

---

① 张天曾：《黄土高原论纲》，北京：中国环境科学出版社，1993年版，第63页。

② 费孝通：《关于定西地区区域发展的刍议》，《费孝通文集（第9卷）》，北京：群言出版社，1999年版，第520页。

新中国成立以来，党和国家投入了大量的人力、物力和财力，对黄土高原地区的水土流失问题进行了全方位的治理。20世纪50年代，中国科学院组织了黄河中游水土保持综合考察队，围绕黄土高原的水土流失问题进行了为期4年的综合考察，取得了丰富的资料和成果，为国家制定水土保持方针政策及治理黄河规划发挥了重要作用。1986年，"黄土高原综合治理"项目被列为国家重点攻关项目，由中央和地方50多个单位、300多名科学工作者组成的综合科学考察队，在黄土高原地区进行了为期5年的科学考察，并提出了综合治理开发的总体方案；同时，在黄土高原设立了11个试验示范区，开展小流域的综合治理试点。到20世纪90年代初期，在黄土高原上投入的各种水土保持措施面积达10万平方千米，修建梯田220万公顷，打坝淤地面积20多万公顷，营造各种树木灌丛防护林420万公顷，种草110万公顷等。①

1978年，为改善生态环境，国家作出了建设"三北"防护林体系的重大决策，计划在70多年里分3个阶段、8期工程来实施。国家林业和草原局发布的《生态文明建设的伟大实践——三北防护林体系建设四十年成就综述》显示：截至2018年，"三北"防护林工程累计完成造林保存面积3014万公顷，工程区森林覆盖率由1977年的5.05%提高到13.57%，活立木蓄积量由1978年的7.2亿立方米增加到2017年的33.3亿立方米。在黄土高原等水土流失地区，实行山水田林路统一规划，按山系（流域）整体治理、规模推进，累计治理水土流失面积44.7万平方千米，工程区水土流失面积相对减少了67%。重点治理的黄土高原林草覆盖度接近60%，约60%的水土流失面积得到了不同程度的控制，年入黄河泥沙量减少4亿吨左右。

1999年，国家又从水土保持的角度出发，在四川、陕西、甘肃等水土流失严重的3省拉开了退耕还林还草工程建设的帷幕。退耕还林是一项政策性强、投资量大、涉及面广的生态建设工程，

---

① 张天曾：《黄土高原论纲》，北京：中国环境科学出版社，1993年版，第93—94页。

中央财政累计投入5000多亿元。国家林业和草原局发布的《中国退耕还林还草二十年（1999—2019）》显示：1999—2013年，全国累计实施退耕还林还草1.39亿亩、宜林荒山荒地造林2.62亿亩、封山育林0.46亿亩，造林总面积4.47亿亩。该工程涉及25个省（区、市）和新疆生产建设兵团的287个地市（含地级单位）2422个县（含县级单位），3200万农户1.24亿农民直接受益。就甘肃省而言，截至2013年底，累计完成退耕还林还草面积达2845.3万亩，累计治理陡坡和沙化耕地1003.3万亩、绿化宜林荒山荒地1605.5万亩，封山育林236.5万亩，全省植被覆盖率提高了约4个百分点，每年生态效益总价值达848.94亿元。①

党的十八大以来，党中央、国务院高度重视退耕还林还草工作。2014年3月14日习近平总书记在中央财经领导小组第五次会议上强调："要扩大退耕还林、退牧还草，有序实现耕地、河湖休养生息，让河流恢复生命、流域重现生机。"2014年开始，新一轮退耕还林还草工程在贵州、四川、甘肃等自然灾害频发、水土流失严重的省份开始实施。国家林业和草原局发布的《中国退耕还林还草二十年（1999—2019）》显示：2014—2019年，22个工程省区和新疆生产建设兵团共实施新一轮退耕还林还草6783.8万亩（其中还林6150.6万亩、还草533.2万亩、宜林荒山荒地造林100万亩）。

上述一系列从国家的视角出发、自上而下推行的生态建设工程，成效显著。经过几十年的努力，黄土高原地区生态环境的恶化趋势得到了缓解。理论分析表明，以梯田建设为核心，以沟道治理、淤地坝建设、林草配套为重点，将各项工程措施、生物措施、农耕措施相结合的全方位水土流失防治体系是科学合理的。党和政府也正是在这一思路的指导下，投入大量的人力、物力和财力，来开展黄土高原的水土流失治理工作的。然而，从实践的角度来看，这些自上而下推行的治理措施在具体到乡村社区时，

---

① 甘肃省退耕还林建设办公室：《甘肃省退耕还林工程建设的成效与启示》，《甘肃林业》，2015年第5期。

是如何开展落实的，有多少成功了，又有多少具有可持续性，还需要大量的实践案例予以证明。目前，关于黄土高原地区生态建设的相关研究，要么以历史叙述为主，要么从理论的可行性角度出发。相比之下，本书聚焦于一个具体的微型社区，以"生活环境主义"的视角①，通过对村民在不同时期的不同环境行为的分析，透视新中国成立以来黄土高原地区村民与环境之间的互动演变趋势。

二、初入黄土高原后的诸多疑问

笔者对黄土高原的初步印象源于2013年阅读《费孝通文集》。费孝通一生"志在富民"，他在实地考察的基础上，结合不同地域的自然环境特征和经济文化基础，对不同地区的经济发展模式进行了深刻的思考。在关于定西发展的文章中，费孝通指出："开发西部边区，面临两大问题。一是如何变自然生态的恶性循环为良性循环；一是如何缩短、消除西部与东部之间在社会经济上的差距。"②当时笔者对于定西所代表的陇中黄土高原地区基本是陌生的，只知费孝通在文中描述的定西在历史上是一个高寒干旱、水土流失严重、生态恶性循环、经济发展落后的"苦甲天下"之地。因此，在笔者最初的印象里，陇中黄土高原是一个经济贫困与生态恶化交织的地区。

然而，当笔者第一次走访黄土高原，发现这里虽然植被稀少，但似乎也没有书中描述的那般贫穷，毕竟社会在进步。2015年12月，笔者和导师一行共五人前往甘谷县调研。当火车一路向西，土地的颜色逐渐变黄，地上的绿色植被越来越稀少的时候，我们知道陇中黄土高原越来越近了。到达甘谷县的时候，正好下着雪。在前往乡镇的盘山路上，笔者第一次见到了黄土高原的梯田：被

---

① 鸟越皓之：《环境社会学：站在生活者的角度思考》，宋金文译，北京：中国环境科学出版社，2009年版，第51页。

② 费孝通：《费孝通文集（第10卷）》，北京：群言出版社，1999年版，第157页。

白雪覆盖着的梯田层次分明，十分壮观；梯田上几乎没有绿色植被，只有近两米高的光秃秃的树。与司机聊天得知，这些是花椒树。这一片山上种满了花椒树，邻近的另外一个山头则种满了苹果树。花椒树和苹果树是当地正在大面积种植的主要经济树种。通过进一步交谈得知，近年来，由于市场行情很好，旺果期的花椒和苹果的净收益可达万元/亩，一部分花椒或苹果种植大户的年收入可达十多万元。笔者不禁感慨，一方水土养育一方人，这里似乎并没有想象中的那么贫穷啊。

几天之后的一个傍晚，笔者第一次来到谢村①。谢村是笔者一位师姐的老家，在师姐的带领下，我们来到了文老师家。文老师是笔者在谢村认识的第一位当地人，也是笔者后期调查过程中的"关键人"（下文将有详细介绍）。我们坐在文老师家的热炕头上，一边喝着罐罐茶，一边与文老师聊天。在几个小时的交谈中，我们对谢村的人口、土地、生产、生活、教育等多个方面有了初步了解。文老师是一个勤于思考的乡村教师，他对当地的环境变化有自己独到的见解。他感慨人民公社时期种植的大片刺槐树在20世纪90年代被人们偷偷伐尽。他认为，林地被毁之后，气候越来越干旱了，村里的泉眼也变少了，泉水慢慢枯竭，人们饮水困难，村庄整体环境也慢慢变差了。

对于生长在长江边的笔者而言，黄土高原是一个既陌生又有吸引力的地方。返校后，笔者对谢村的访谈录音进行了详细整理，这一过程加深了笔者对谢村的印象，同时也让笔者产生了许多疑问：谢村在人民公社时期为什么要修梯田、建大坝、植树造林？辛辛苦苦栽种起来的树为什么又会被砍光？泉水为什么会越来越少？在干旱缺水的情况下，人们是如何生产生活的？人口大量外流又对环境产生了怎样的影响？等等。一直关注水环境问题研究的导师启发笔者，可以尝试从"缺水"这一核心问题入手，以谢村为基础，对该地区在新中国成立以后村民与环境的互动变化进行思考。在这一启发之下，笔者进一步阅读了与黄土高原地区环

---

① 依照学术规范，本研究涉及的乡镇、村、人名等均做匿名处理。

境变迁相关的书，对该地区有了一个总体性的把握。

带着第一次调查后的诸多疑问，笔者于 2016 年 4 月再次来到谢村，进行了为期一个多月的田野调查。通过调查，笔者对谢村在新中国成立后与环境相关的行为有了详细的了解。人民公社时期，作为红旗大队的谢村，开展了轰轰烈烈的生产建设运动，完成了修梯田、筑大坝、植树造林等工程，在村域范围内形成了较为完整的水土保持体系，从而减缓了水土流失，改善了村庄环境。然而，土地承包到户之后，人们为满足建材和薪柴的需求，将之前栽种的树林砍伐殆尽。同时，在持续近十年的干旱影响下，村庄附近的泉眼逐渐枯竭，居民的日常饮水面临困境。2000 年之后，随着人口的大量外流，村庄内部的人地关系矛盾逐渐缓和，人们对土地的态度和利用方式也随之转变。一部分位于山顶和陡坡的不适合耕种的土地被抛荒，花椒成为主要的经济作物，而沟坡地上的刺槐树又重新长出了一些。此外，笔者还到县里的相关部门收集了大量的资料，对整个县域的情况有了整体性的把握。扎实深入的田野调查使笔者对谢村有了全面而深刻的了解，为本书的研究奠定了坚实的基础。

三、以环境行为为切入点探究黄土高原村民与环境互动演变

黄土高原的环境变化与人类活动密切相关。在历史时期，随着人口的不断增加，农耕范围不断扩大，林草植被不断遭到破坏，导致黄土高原地区水土流失加剧、生态环境日益恶化。新中国成立后，伴随我国从传统的农业社会向现代工业社会的转型，乡村社会的政治、经济、文化等各方面都发生了深刻的变化。

从社会发展阶段来看，在新中国成立之后的 70 多年里，乡村社会主要经历了三个不同的发展时期。首先是人民公社时期。在这一时期，土地等重要生产资料归集体所有，农民在思想和行为上受到集体的严格管控。其次是实施家庭联产承包责任制之后的20 世纪八九十年代。在这一时期，土地承包到户，集体经济逐渐虚化，国家的工作重心逐渐转移到经济发展上来，发家致富成为

广大农民的第一要务。最后是 2000 年以后，随着工业化、城市化以及市场化的快速发展，农村劳动力的非农化转移进入快速发展阶段，农村劳动力的大量非农化转移给乡村社会的生产生活都带来了深刻影响。

从经济发展过程来看，新中国成立以后，为快速实现现代化，我国农业经济逐渐走上集体化的道路。人民公社体制打破了传统的小农生产方式，使农村的生产经营完成了从个体到集体的转变。在优先发展重工业的战略之下，国家通过"统购统销""以粮为纲"等一系列政策手段，实现"以农补工"的目标。这一系列政策措施在一定程度上限制了农村经济的发展。同时，为了推动农业现代化的发展，国家动员集体力量在全国范围内开展了各种规模的农田基本建设。农田基本建设在一定程度上改善了农业生产条件，提高了土地产出，为农村经济的进一步发展奠定了基础。家庭联产承包责任制实施后，农村生产力得到了前所未有的解放，农村经济快速发展，农民收入大幅度提高。然而，农村人多地少、劳动力过剩的矛盾日益突显，一部分农民开始利用农闲时间到城镇务工。此时农业收入仍然是农民收入的主要来源。2000 年之后，农村劳动力的大量非农化转移不仅使农民的收入水平稳步提升，还改变了农村家庭的收入结构，务工收入逐渐替代农业收入成为农民收入的主要来源。随着收入结构的变化，土地对于农民的意义也在逐渐发生变化，农民对土地的开发利用方式也呈现出新的趋势。

从文化发展的角度来看，农村集体化时期，党和政府通过一系列的农村公共文化建设活动，使国家意志和社会主义意识形态深入农民的思想观念之中。通过这一过程，各种旧思想、旧习惯得到摒弃，农民的精神状态也随之改变，集体主义意识得以确立，农民从过去或多或少有些自私自利、自由散漫的个体逐渐转变为有团结意识、有奉献精神的有组织有纪律的新一代农民。[1]改革开

---

① 朱高林：《1949—1978 年农村公共文化生活的运行经验及历史启示》，《学术界》，2021 年第 5 期。

放以后，我国进入社会转型的快速发展期。在这一过程中，农村实行村民自治，农民可以直接行使民主权利，参与村庄公共事务，进行自我管理，农村治理朝着民主化、制度化和现代化的方向发展。同时，市场经济快速发展，农民在市场经济意识的影响下，注重追求个体利益。此外，在新兴经济活动的推动下，农民的现代经济理性逐渐成长并成熟起来。

那么，在上述不同阶段，黄土高原地区的村民与环境之间的互动具有什么特征，进而对环境产生了哪些影响呢？为了清晰呈现新中国成立以来黄土高原地区村民与环境之间的互动演变过程，本书选取陇中黄土高原的一个具体村庄谢村为案例，在多次扎根田野实地调查的基础上，以乡村社会的现代化进程为主线，分三个时期对村民的环境行为进行了深入细致的考察。具体来看，主要包含以下四个方面的问题：不同时期乡村社会的主要特征是什么？不同时期村民的具体环境行为有哪些？不同时期村民的环境行为逻辑及社会影响因素是什么？不同时期村民的环境行为造成了什么样的环境后果？

第二节 黄土高原环境变迁及环境行为研究现状

一、黄土高原环境变迁研究现状

黄土高原的环境变迁是自然因素和人为因素共同作用的结果。易于侵蚀的土壤质地条件和日趋干旱的气候是影响黄土高原环境变迁的先天自然因素，人们对林草植被的破坏则是加剧黄土高原环境恶化的后天人为因素。总体来看，黄土高原的环境变迁历史，是一个人口不断增加、农垦范围不断扩大、林草植被不断遭到破坏、水土流失不断加剧，最终导致环境恶化和生态失衡的过程。

（一）国外学者对中国环境史的相关研究

环境史以人类社会与自然环境之间的互动演变为主要研究对象，黄土高原地区的环境变迁历程是中国环境史研究的重要组成部分。一些国外学者在研究中国环境史的过程中对黄土高原地区环境变迁的阐述与分析，对本研究具有重要的启发意义。

伊懋可在《大象的退却：一部中国环境史》一书中指出，在古代，中国北方黄河流域有着成群的大象，这表明该地区原本是水草丰美、植物繁茂的温润之地。在大象持续从东北向南方和西南方退却的过程中，气候变化的影响虽然也非常重要，但人与大象之间长期的矛盾冲突才是最为关键的因素。大象生存时空上的隐退，几乎与人类定居范围的扩大和农业的集约化生产同步。人与大象的"搏斗"主要在三条线展开：一是为了扩大农田，农民毁坏大象的森林栖息地；二是农民为了保护庄稼免遭大象的踩踏和侵吞，而与大象搏斗；三是为了象牙，或者为了满足战争、运输或仪式所需，而猎取或捕捉大象。其中，砍伐森林而毁坏大象栖息地的行为是最为致命的。人们滥伐森林的原因主要有三个：一是为垦辟新地和定居；二是为满足烹饪、取暖等生活所需，以及烧窑、冶炼等工业生产所需；三是为提供建房、造船、修桥等工程所需木材。滥伐森林造成土壤侵蚀、河流中下游因泥沙淤积而泛滥等恶果。[①]

马立博在《中国环境史：从史前到现代》一书中提到，中国数千年来自然环境的变迁过程与农业的持续发展密切相关，是一个以家庭为单位的小农生产方式不断向四周推进的过程。在这一过程中，以定居农耕为主的生产生活方式对森林、草原、水、土地等自然环境造成了巨大影响。不断发展与扩张的农业系统在养活了更多人的同时，也加剧破坏了生态系统和生物多样性。尤其是为了垦辟新地和获取燃料而进行的大规模的森林砍伐，造成了

---

① 伊懋可：《大象的退却：一部中国环境史》，梅雪芹、毛利霞、王玉山译，南京：江苏人民出版社，2019年版，第10、13、22页。

严重的水土流失和泥沙淤积，最终导致了大面积的环境退化与生态失衡。黄河中上游流经的黄土高原，自周代以来的农业生产已经破坏了表面的自然植被，大量泥沙不断流入黄河，导致黄河泛滥的次数越来越多。而在西北地区，早在19世纪中期，严重的森林砍伐就已经导致渭河流域及其以北和以东的黄土高原出现了明显的环境退化迹象。[①]

日本学者上田信在《森林和绿色的中国史》中认为，最适合黄土高原生态系统的生业形态是游牧。游牧随季节变化而转场，不会导致草场的过度利用；牲畜的粪便又可用作日常生活燃料，森林因此不会遭到滥伐。此外，人们还可以进入茂密的山林进行狩猎活动。山林和草原共同支撑牧民的生活，牧民饲养的牲畜又可以促进草原的更新，因而生态系统与人类社会之间能够维持一种平衡关系。然而，随着农耕范围的不断扩张，该地区的林草植被面积逐渐缩小，导致泥沙流量增多，小沟变深沟，平原被肢解，生态平衡遭到破坏。生态恶化进而导致人们的生计困境，而生计困难的人们只能进一步扩大耕地范围，从而陷入"贫困—食物缺乏—扩充耕地—森林破坏—土壤流失—食物缺乏—贫困"的恶性循环。要打破这一恶性循环，一方面要依靠当地人的力量，通过宣传让他们意识到恢复林草植被的重要性，充分调动他们保护生态环境的积极性；另一方面也需要外界在财力、物力以及技术等方面的大力支持。[②]

通过上述研究我们看到，在农垦范围不断扩张的过程中，对森林植被的破坏是黄土高原水土流失加剧、生态环境恶化的重要原因。

---

① 马立博：《中国环境史：从史前到现代》，关永强、高丽洁译，北京：中国人民大学出版社，2015年版，第233、236、334、338、343、345页。

② 上田信：《森林和绿色的中国史》，朱海滨译，济南：山东画报出版社，2013年版，第84、114页。

（二）国内学者关于黄土高原环境变迁的相关研究

新中国成立以来，因黄河治理工作的需要，国内开展了对黄土高原的多学科研究。其中，竺可桢、史念海、谭其骧、朱士光等学者的相关研究，让我们了解了黄土高原的气候、土壤、水文、植被等的变迁。之后，与黄土高原环境变迁相关的研究逐渐增多。综合来看，国内学者主要从以下几个方面对黄土高原的环境变迁进行了研究。

1. 气候变化、土壤地质条件等对黄土高原环境变迁的影响

黄土高原的植被覆盖与气候之间关系密切。从黄土文明的主要发源地关中地区来看，其气候在唐朝中期以前为温润气候。植被为针叶林、阔叶林和草本植物兼有。从唐朝后期开始，气候转向凉干，旱灾日益频繁。在公元962—1123年的162年中，关中地区有史记载的旱灾就达38次。明清时期气候更加寒冷干燥，此时关中严寒、大雪、霜冻和干旱灾害频繁。整个清代又是冷干气候，对植被覆盖造成了深远影响。[1]

易于侵蚀的土壤质地条件是黄土高原水土流失的先天自然因素。黄土具有土质疏松、遇水易崩解的特性，因此一旦有降水，地表发生径流，就容易形成浅沟。经过一段时间后，沟头向上伸延，深入塬的内部，沟中流水向沟的两旁侧蚀，导致沟崖的垮塌或崩塌，进一步加剧塬的破碎。塬面被冲沟分割，形成长条形的黄土墚，墚再被侵蚀分割成馒头状的峁，即"塬—墚—峁"发育模式。降水强度、降水量、地面坡度、地表及地表以下组成物质的性质等都是影响沟壑发育的重要因素。黄土高原原本面积广大而平坦的周塬、董志塬等，在侵蚀的作用下变成了沟壑纵横的破碎之地。破碎后的地形地貌又反过来加剧了侵蚀现象，形成恶性

---

① 朱士光：《黄土高原地区环境变迁及其治理》，郑州：黄河水利出版社，1999年版，第161—169页。

循环，水土流失愈演愈烈。[①]

2. 农耕范围扩张中的林草植被变化对黄土高原环境变迁的影响

总体来看，历史时期黄土高原的植被，是随着农耕不断取代游牧、农垦范围不断扩张而不断变化的。历史时期，黄土高原一直是游牧民族和农耕民族产生矛盾和冲突之地，冲突的过程伴随着农牧区范围的演变。长城可谓是人为划定的一条农牧区分界线，不同时期长城位置的南北推移，可以反映出农牧区的变化情况。战国后期，秦国所修建的长城是这些人为的农牧区分界线中最南边的一条。这条长城西南起于今甘肃省岷县，中间经过六盘山和子午岭间的固原等县，并沿横山山脉趋向东北，最终到达今内蒙古准格尔旗的十二连城。东汉时期，由于北方游牧民族势力增强，畜牧业占据主导地位，至东汉末期，农牧区的分界线又恢复到战国前的状况，并一直延续到北魏政权统一黄河流域之后。北魏至隋初，农业有所恢复，农牧分界线又北移至庆阳—富县—离石一线。至隋唐时期，汉族政权空前强大，农牧分界线向北推进到阴山一线，成为最北边的一条农牧分界线。然而，明清以后，长城已经不能成为农牧分界线了。[②]

在农耕替代游牧不断向北推移的过程中，黄土高原的林草植被也逐渐从平原到山地丘陵均遭到了破坏。黄土高原的森林破坏主要经历了四个时期：一是西周至春秋战国时期。这一时期陕西中部和山西西南部等平原地区的森林遭到了破坏。二是秦汉至魏晋南北朝时期。这一时期结束时，平原上已经基本没有森林了。三是隋唐时期。这一时期由于远程采伐范围不断扩大，山地森林遭受到比较严重的破坏。渭河上游原本是森林茂密的地区，但魏

---

① 史念海：《黄土高原历史地理研究》，郑州：黄河水利出版社，2001年版，第6—25页。

② 史念海：《黄土高原历史地理研究》，郑州：黄河水利出版社，2001年版，第389—390页。

晋以后森林已少见于记载，北宋初年，陇山西麓至今甘谷县已无森林。四是明清时期。明朝中叶以后，黄土高原的森林几乎遭到摧毁性的破坏，除了少数几处深山，其他地方都已达到难以恢复的地步。[①]

除了农耕范围的不断扩张之外，日常生活对薪柴的消耗、封建王朝大规模营建宫室苑囿、社会动乱时期的战争，以及只砍树不种树的取材习惯等，都是造成黄土高原林草植被不断遭到破坏的原因。

将原本为林草植被所覆盖的土地，尤其是陡坡地开垦成耕地之后，黄土高原的水土流失不断加剧，导致了一系列的环境恶果：地表更加支离破碎；水旱灾害日趋频繁且灾情日益加重；土地沙漠化趋势不断扩大；一些地方的气候更加恶劣；河流水文状况的变化幅度增大，河流更加不稳定；很多河流和湖泊消失；土壤日益贫瘠，产量不断降低等。总而言之，植被的破坏对整个黄土高原地区的自然环境及社会生活都造成了深刻的影响。

3.通过黄河下游的决溢改道分析黄土高原的植被破坏及水土流失

自有史以来，黄河决溢次数之多，为其他河流所未有。然而，黄河河患并非一开始就很频繁，而是经历了一个变化的过程。除了降水等因素以外，黄土高原因被侵蚀而流失的大量泥沙汇集于黄河，使黄河下游河床不断抬高，从而引发决溢，是黄河河患的症结所在。研究表明，黄河流域的安流状态与黄土高原林草植被的破坏程度之间关系密切。总体来看，黄河相对安流的时期主要有两个：一是商周和秦代，二是东汉初年王景治河之后直至唐代后期。而黄河河患频繁的时期也有两个：一是西汉初年至东汉初年，即前述两个相对安流时期的中间时期；二是唐代后期至新中国成立以前。在第一个安流时期，黄土高原森林和草原植被面积

[①] 史念海、曹尔琴、朱士光：《黄土高原森林与草原的变迁》，西安：陕西人民出版社，1985年版，第143—151、155—166页。

广大，农业主要集中在平原地区，所以土壤侵蚀较少，顺黄河而下的泥沙不多。在第二个安流时期，王景的工程技术措施功不可没，再加上以牧业为主的民族迁入黄河中游地区，农垦范围大大缩小，同时人口锐减，这些因素共同使得黄土高原的水土流失总量减少，黄河因此在该时期长期安流。相比之下，黄河水患频繁的两个时期，则正好是人口大量增加、农垦范围不断扩大、林草植被破坏严重的时期。因此，恢复黄土高原植被、减少水土流失，是治理黄河水患的关键。[①]

4. 黄土高原环境治理的相关研究

黄土高原的环境治理，不仅关系着当地的经济社会发展，还是黄河治理的关键。因此，自新中国成立以来，国家投入了大量的人力物力财力，针对黄土高原的水土流失问题进行治理。总体来看，针对黄土高原的治理措施主要有两种：一种是工程措施，一种是生物措施。这两种方案的提出均基于对黄土高原环境变迁的分析。具体来看，工程措施主要包括在山坡上修造梯田、在沟谷中建造淤地坝、在黄河干流和各级支流上建造水库等，以期通过对地表的改造来达到减缓水土流失的效果。因此，工程措施主要针对的是黄土高原支离破碎、深沟险壑的地表。生物措施则主要是通过植树种草，以增加黄土高原上的植被覆盖面积，从而达到减缓水土流失的目的。因此，生物措施主要针对的是林草植被破坏这一影响因素。[②]经过长期的不懈努力，退耕还林还草等生态修复措施使黄土高原的植被覆盖度呈显著增加趋势，但降雨仍是

---

① 谭其骧：《何以黄河在东汉以后会出现一个长期安流的局面：从历史上论证黄河中游的土地合理利用是消弭下游水害的决定性因素》，《学术月刊》，1962年第2期；史念海：《黄土高原历史地理研究》，郑州：黄河水利出版社，2001年版，第818—851页。

② 蒋定生等：《黄土高原水土流失与治理模式》，北京：中国水利水电出版社，1997年版，第186页。

黄土高原植被生长发育的主要限制因素。①将鱼鳞坑、水平沟和梯田等工程措施与生物措施相结合，可大大减缓黄土高原的水土流失。其中，梯田因其能同时发挥良好的水土保持生态效益和经济效益，成为解决生态和经济发展冲突问题的调和剂。②

综上所述，日趋干旱的气候、疏松易被侵蚀的土壤质地条件等是黄土高原环境变迁的先天自然因素，而伴随冲突、人口增加、农耕范围扩张等所导致的林草植被的破坏等则是黄土高原环境变迁的后天人为因素。在自然因素与人为因素的共同作用下，黄土高原的水土流失不断加剧，自然环境愈加恶劣，生态系统愈加脆弱，并对黄河下游的决溢改道产生着重大影响。

二、社会行动及相关研究

社会行动是社会学的基本概念和重要研究领域。社会学有史以来的主要纷争都是围绕社会行动问题展开或与这一问题相关的，社会学在社会结构和社会过程等方面的理论体系的主要内容，也都假设或暗含了对这一问题的某种解决。③本研究所涉及的核心概念——环境行为，从本源上讲就是一种社会行动，是生活在一定地域范围内的社会群体所发生的与自然环境密切相关的社会行动。因此，对社会行动相关理论和研究的把握和梳理，是我们理解和思考环境行为的基础。

在关于社会行动的探讨中，西方社会学界形成了三个明显不同的理论派别：一是强调结构制约性的各种结构主义和功能主义，二是强调行动者能动性的各种解释学思想传统，三是试图弥合行动与结构二元对立的社会"实践论"。在此，基于理论的代表性，并结合本书的具体研究，笔者主要对马克斯·韦伯、帕森斯和吉

①逯金鑫、周荣磊、刘洋洋等：《黄土高原植被覆被时空动态及其影响因素》，《水土保持研究》，2023年第2期；贺洁、何亮、吕渡等：《2001—2020年黄土高原光合植被时空变化及其驱动机制》，《植物生态学报》，2023年第3期。

②袁和第、信忠保、侯健等：《黄土高原丘陵沟壑区典型小流域水土流失治理模式》，《生态学报》，2021年第16期。

③夏光：《论社会行动的规定》，《社会学研究》，1990年第6期。

登斯的社会行动理论的相关内容进行梳理。

（一）社会行动及其基本要素

马克斯·韦伯明确提出，社会学是关于社会行动的科学。他将社会行动作为理解社会学理论的研究起点，通过对社会行动过程和影响的解释性理解和因果说明来把握社会整体。在《经济与社会》一书中，马克斯·韦伯对社会行动的内涵进行了阐述，认为社会行动是以其他人过去的、现在的或未来所期待的举止为取向。[①]马克斯·韦伯的社会行动定义包含了两个基本要素：一是行动者赋予行动的主观意义，二是社会行动是以他人为指向的。根据合理性标准，马克斯·韦伯进一步将社会行动分为四种"理想类型"：（1）目的合理性行动。在这种行动中，目标和手段都经过理性的计算和选择。（2）价值合理性行动。这种行动是基于对伦理的、美学的或宗教的等价值本身的自觉信仰而进行的行动。（3）情感行动。即由感觉、激情、心理需要等决定的行动。（4）传统行动。即习惯性行动。其中，前两种行动是合理性行动，后两种行动是非理性行动。

帕森斯在综合维贝尔、涂尔干、马歇尔、帕累托等理论的基础上，发展了自己的社会行动理论。帕森斯认为，社会行动体系的基本单位是"单位行动"，一个"单位行动"主要由以下四个要素组成：（1）行动者。即行动的当事人。（2）行动目的。即该行动过程所指向的未来事态。（3）行动的处境。这种处境又可分为两类：一类是行动者不能控制的，可以叫作行动的条件；一类是行动者能够控制的，可以叫作行动的手段。（4）行动的规范性取向。即"在行动者控制的范围内，所采取的手段一般说来不能被认为是随意挑选的，也不应被认为完全取决于行动的条件，而是必然在某种意义上受一种独立的、明确的选择性因素的影响，而

---

① 马克斯·韦伯：《经济与社会（上卷）》，林荣远译，北京：商务印书馆，1997年版，第54页。

要想了解行动的具体过程，就必须先了解那种选择性的因素"①。也就是说，行动者在选择行动目标和手段的过程中，要受到两个方面的限制：一方面受行动者自身条件及所处环境条件（包括自然环境条件）的限制，另一方面则受价值观、理念、社会规范等结构性条件的限制。在帕森斯看来，后者的影响尤为重要。②

吉登斯认为，社会行动是社会学无法脱离的学科主题。他的结构化理论主要由能动、结构和实践活动三个要素组成。他将实践活动即社会行动看成具有能知和能动的行动者在一定的时空中利用规则和资源不断地改造外部世界的行动过程。③能动是与动机、实践意识、反思性、权力等相联系的微观层面的活动。吉登斯对能动的定义为社会行动赋予了全新的内容，并使社会行动具有了动态性和时间性的特征。在他看来，能动并不是指一系列分散的行为的结合，而是指一种"连续的"行为流，是行动者在实际上或预期中对不断进行的事件的干预流。④这扩展了行动者的指向性，使行动者具有了更多的主动性和控制权，从而深化和发展了马克斯·韦伯的社会行动概念。同时，吉登斯批评了解释社会学对结构制约性的忽视，认为行动者的能动性是一种受限制的能动性。结构对行动的限制主要体现在组成结构的主要成分——规则和资源两个方面。无论如何，人不能跨越自己存在的条件，行动者在一定的时空范围内进行的社会行动，必然会受到已有规则和有限资源的束缚。⑤

综合来看，社会学领域所关注的社会行动具有以下特征。首

① 帕森斯：《社会行动的结构》，张明德、夏翼南、彭刚译，南京：译林出版社，2003年版，第50页。

② 乔纳森·H.特纳：《社会学理论的结构》，邱泽奇、张茂元等译，北京：华夏出版社，2006年版，第37页。

③ 陆春萍、邓伟志：《社会实践：能动与结构的中介：吉登斯结构化理论阐释》，《学习与实践》，2006年第2期。

④ 田启波：《吉登斯现代社会变迁思想研究》，北京：人民出版社，2007年版，第46页。

⑤ 张静：《社会结构：概念的进展及限制》，《社会学研究》，1993年第6期。

先，社会行动是行动者之间的互动。每个行动者的行动都包含着对他人行动的考虑，行动者正是基于这种考虑来决定自己的行动取向的。其次，社会行动在一定的客观环境（既包括社会的，也包括自然的）中进行。这些客观环境一方面为行动提供了手段和工具，另一方面作为条件制约着人们的行动范围，而人们的行动反过来又会对环境本身造成影响。最后，社会行动具有一定的规范性。社会行动以一定的价值标准和道德原则为规范背景，而行动者的行动取向则受其价值观念和道德信仰的支配。本书对环境行为的具体研究，正是在对社会行动的深刻理解的基础上进行的。

（二）行动与结构之间的关系

个体与社会、行动与结构之间的关系问题，"一直就是社会科学的一般理论最为棘手的老问题"[①]。社会行动之所以一直是社会学理论关注的核心问题之一，正是因为社会行动是连接个体与社会的重要中介。也正因此，研究社会行动的最终目的不仅仅是就行动来解释行动，更是要探究个体与社会、行动与结构、微观与宏观之间的关系。在西方社会学的理论发展历程中，不同学者对这一关系的不同回答形成了各具特色的理论流派。

马克斯·韦伯所代表的是"强行动而弱结构"的解释社会学流派。各种解释社会学在阐明社会行动时，强调的是行动的过程及其意义，而有关结构的内容则不那么显要，对结构的制约问题也涉及较少。[②]虽然马克斯·韦伯的社会学理论体系以社会行动作为研究起点，但其探究的中心议题却是近代欧洲资本主义的产生及其发展方向，"理性化"则是他分析人类行动及社会发展的核心概念和重要范畴。[③]他认为，传统社会的人类行动以情感行动和传

[①] 苏国勋：《当代西方著名哲学家评传第十卷：社会哲学》，济南：山东人民出版社，1996年版，第552页。

[②] 安东尼·吉登斯：《社会的构成：结构化理论纲要》，李康、李猛译，北京：中国人民大学出版社，2016年版，第2页。

[③] 李猛：《理性化及其传统：对韦伯的中国观察》，《社会学研究》，2010年第5期。

统行动等非理性行动为主，而现代社会的人类行动却逐渐趋向理性化，尤其是目的合理性行动已成为人类行动发展的主要趋势。在社会行动由非理性向理性化转变的过程中，理性化要素也逐渐渗透到经济、行政、法律、文化等社会生活的各个领域，即整个社会逐渐趋向理性化。[1]因此，马克斯·韦伯是通过对人类行动理性发展趋势的分析来把握近代西方资本主义的产生根源及现代化过程的。在他看来，不断理性化不仅是人类社会行动的发展方向，也是现代社会的本质特征。马克斯·韦伯进一步运用理性化理论对现代社会理性化的不良后果进行了深刻分析。他认为，西方资本主义社会形式合理性的发展与实质合理性的减少终将导致个人意义和自由的丧失，即理性化导致非理性的生活方式。[2]出现这种悖论的原因在于，目的合理性往往促使个人和组织尽量去追求自身利益最大化，而在个人或组织追求自身利益最大化的过程中，很可能会对他人或其他组织造成负面影响，尤其是对公共物品、共有资源，比如环境的过度使用，从而造成一系列环境及社会恶果。[3]

以帕森斯为代表的"强结构而弱行动"的功能主义和结构主义认为，结构凌驾于行动之上，结构对行动有制约。帕森斯详细分析了社会行动的起因、目的和过程，认为环境因素和规范因素对个体的社会行动起着重要的作用。行动始于欲求，即社会行动的目的是满足某种需求，人们总希望从某种不满足的状态进入相对满足的状态。而人的需求和目标除了来自个体的本能之外，更主要的是来源于环境，这个环境既包括由行为规范、道德准则、价值系统、文化知识、行动方式等因素组成的社会环境，也包括自然环境和历史事件等。帕森斯强调，行动者为了满足需求和实

---

[1] 周晓虹：《西方社会学历史与体系（第1卷）》，上海：上海人民出版社，2002年版，第370—373页。

[2] 苏国勋：《理性化及其限制：韦伯思想引论》，上海：上海人民出版社，1988年版，241页。

[3] 张广利、王登峰：《社会行动：韦伯和吉登斯行动理论之比较》，《学术交流》，2010年第7期。

现目标所采取的社会行动必然会受到社会规范的制约，即人的行动是带有一定的社会关系、属于特定社会团体的个人行动，必须在社会规范的约束下进行。如果行动者在社会行动中没有遵循社会规范的要求，即出现了所谓"越轨行为"，则很可能会受到社会的控制。社会控制的途径主要有两种：一种是来自政府所设立的各种控制机构的直接控制，一种是来自行动者所属团体的间接控制。从上述分析可见，在帕森斯的社会行动理论中，社会文化占据着极其重要的地位和作用，并且，各种社会制度、行为规范、风俗习惯、宗教信仰和道德准则等制度性的文化构成了约束个体社会行动的重要力量。①

吉登斯的结构化理论通过强调"结构二重性"，以突破社会学长期以来在理论和方法上的主体与客体、行动与结构、微观与宏观、实证主义与理解主义等二元分立模式。②结构二重性是指社会结构"内在于"社会行动之中，既是社会行动得以展开的条件，又是社会行动的结果。③吉登斯认为，人类社会"不是一个'预先给定的'（pre-given）客体世界，而是一个由主体的积极行为所构造或创造的世界"④。行动者在一定区域和地点反复进行的日常生活实践构成了制度性的实践，从而导致了政治、经济、法律、符号等社会制度的形成。同时，由各种社会关系体系所组成的社会制度本身又是区域化和例行化日常生活实践的中介，即社会结构既是体现在无数具体实践活动中并把实践活动贯穿起来的一条"红线"，又通过规则和资源等对社会实践产生制约作用。除了能动性之外，吉登斯还从意识结构的角度对行动者的动机进行了考察。他将行动者的意识结构划分为无意识、实践意识和话语意识

---

① 佟庆才：《帕森斯及其社会行动理论》，《国外社会科学》，1980年第10期。

② 陈占江：《迈向行动的环境社会学：基于反思社会学的视角》，《社会学研究》，2017年第3期。

③ 安东尼·吉登斯：《社会的构成：结构化理论纲要》，李康、李猛译，北京：中国人民大学出版社，2016年版，第23页。

④ 安东尼·吉登斯：《社会学方法的新规则：一种对解释社会学的建设性批判》，田佑中、刘江涛译，北京：社会科学文献出版社，2003年版，第277页。

三个层次，认为人的行动存在无意识的成分，动机与行动之间并不总是一一对应的关系。①此外，吉登斯将时空关系引入对实践的分析，从时空的角度考察了实践活动的基本形式和社会系统的制度生成，揭示了实践活动的例行化、区域化及制度化之间的内在关联，并赋予了时空在实践活动和社会系统中的构成性地位和作用，从而深化和丰富了对实践本身的认识。②总体来看，吉登斯的结构化理论确立了从社会实践看待社会的理论向度，既突出了行动者的主体能动性，又肯定了社会结构的客体制约性，这是其理论创新和独具特色之处。

追根溯源，社会学所关注的环境行为本质上是一种社会行动，因此，上述有关社会行动内涵、形式、过程及其与社会结构之间相互关系的理论思考是我们进行环境行为研究的基础。马克斯·韦伯及帕森斯对社会行动的概念及其构成要素的界定，是我们定义环境行为的基础。马克斯·韦伯对社会行动及现代社会理性化趋势的论述，为我们理解当前中国社会的发展趋势以及农民的行为选择提供了良好的分析视角。而帕森斯关于社会行动受到所处环境条件及结构要素制约的论述，使我们在解释环境行为时，对社会结构方面的影响因素有了更多的思考。将吉登斯的结构化理论延伸到对环境行为的分析时我们看到，行动与环境之间也是相互依赖、相互影响的关系：一方面，具有能动性的行为主体总是希望可以最大化地利用环境资源来满足自身的各种需求；另一方面，满足自身需求的行动又不得不受到来自社会规则和环境资源的束缚。此外，吉登斯在分析社会行动时所引入的时空概念启示我们，在不同的社会发展时期和特定的空间范围内，人们所处的结构性条件不同，所表现出来的环境行为也不尽相同。因此，对环境行为的分析要结合特定的时间和空间特征来进行。本书对黄

①乔纳森·H.特纳：《社会学理论的结构》，邱泽奇、张茂元等译，北京：华夏出版社，2006年版，第457页。

②李红专：《当代西方社会理论的实践论转向：吉登斯结构化理论的深度审视》，《哲学动态》，2004年第11期。

土高原地区村民环境行为的分析，正是在特定的时空背景下进行的。在对社会行动的相关理论有了基础性的把握之后，接下来对与环境行为相关的研究进行梳理。

三、环境行为及相关研究

环境社会学是研究社会与环境互动关系的科学，而环境行为则是社会与环境之间建立互动关系的中介。因此，以环境行为为切入点探讨社会与环境之间的互动关系是环境社会学的重要研究内容。在对环境行为进行界定的基础上，探讨环境行为背后的社会影响因素是当前环境行为研究的主要内容。

（一）环境行为的含义

对于环境行为的定义，学术界目前并没有统一的界定。狭义的环境行为仅包括正面的、对环境有利的行为，目前很多具体的研究是围绕这一界定而展开的。孙岩认为，环境行为是"采取有助于改善、增进或维持环境品质的行动，在生活中身体力行，以达社会可持续发展的目的"[①]。彭远春认为，环境行为是指"公众在日常生活中主动采取的有助于环境状况改善和环境质量提升的行为"[②]。广义的环境行为则把所有的对环境产生正面或负面影响的行为都包括在内。王芳认为，环境行为主要是指"作用于环境并对环境造成影响的人类社会行为和各社会行为主体（行动者）之间的互动行为"[③]。崔凤和唐国建则认为，环境社会学研究的环境行为应该具备以下四个基本特征：第一，环境行为是一种社会行为；第二，特定的环境行为受特定社会的各种因素的影响；第三，环境行为是以一定的社会关系形式进行的；第四，环境行为

[①] 孙岩：《居民环境行为及其影响因素研究》，大连理工大学博士学位论文，2006年，第12页。

[②] 彭远春：《试论我国公众环境行为及其培育》，《中国地质大学学报》（社会科学版），2011年第5期。

[③] 王芳：《理性的困境：转型期环境问题的社会根源探析——环境行为的一种视角》，《华东理工大学学报》（社会科学版），2007年第1期。

的结果不仅对环境产生影响，而且会影响到其他社会关系。①

笔者赞同王芳的观点，认为环境行为是指作用于环境并对环境造成影响的人类社会行为以及各种行动主体之间的互动行为。结合黄土高原的环境特征，本书所涉及的环境行为仅限于村民在日常生产生活中对环境所进行的、可能减缓或加剧水土流失的行为。具体来看，本书的环境行为具有以下特征：（1）从行为主体来看，将村庄作为一个整体，研究这个整体的集体环境行为，当然离不开村民个体的参与。（2）从行为内容来看，既有生产中的环境行为，也有生活中的环境行为。（3）从行为后果来看，既包括对环境有利的行为，也包括对环境不利的行为。总而言之，本书所指的环境行为，并没有包括生产生活中的所有环境行为，而是仅指与水土流失这一核心环境问题相关的环境行为。

此外，本书所指的"环境"主要是与村民的生产生活紧密相关的土地、水、林草植被等要素。首先是土地。其中，耕地是重要的环境要素。土地的基本状况，如地表状态、耕地数量和质量等，不仅影响村民环境行为的内容和方式，而且影响村民环境行为的后果。其次是水资源。在黄土高原地区，水是关键的环境要素，干旱缺水、水土流失等环境特征或环境问题都是因水而起。水资源的缺乏和分布不均等，不仅给人们的生产生活带来困难，还是环境恶化的重要诱因。最后是林草植被。林草植被具有蓄水保土的作用，林草植被的破坏与恢复，不仅与人们的生产生活息息相关，而且是影响黄土高原环境质量的核心要素。综合来看，土地、水、林草植被这三种要素之间既相互关联又相互影响。水和土是植被覆盖的基础，植被覆盖的状况又影响着水、土的质量，它们共同组成了村民赖以生存的环境。本书所指的环境行为，正是村民在日常生产生活中与上述三种环境要素之间发生的行为。

---

① 崔凤、唐国建：《环境社会学：关于环境行为的社会学阐释》，《社会科学辑刊》，2010年第3期。

（二）环境行为的社会影响因素分析

对环境行为背后的社会影响因素的分析是环境社会学研究的重点。一部分学者强调地方文化传统、价值观念、社区规范等文化因素对环境行为的影响。麻国庆指出，应该将环境研究置于社会整体之中，要重视社会结构、文化传统等与环境行为的相互关系。他以处于不同生境下的游牧民、山地民和农耕民为例，揭示了不同的文化群体所拥有的不同环境知识对其生存、发展及社区环境管理的作用。①马戎认为，人们的传统文化信仰、传统生产与生活习俗、社区行为规范等，都是在特定的自然条件下经过长期的生产实践积淀而形成的、被历史证明是具有"可持续性"的环境资源利用方式，直到今天仍然具有重要的现实意义。②景军对一个西北乡村的环境抗争行为进行分析后指出，宗族核心价值、民间信仰等地方文化对环境意识和环境行为具有影响和形塑作用。③

伴随现代化和工业化进程的推进，传统的社区规范及道德伦理慢慢衰退，原有的环境友好行为逐渐式微，而新的相关制度和价值观念尚未形成或践行，从而催生了环境破坏行为。陈阿江对太湖流域水污染的社会机制进行了透彻的分析，东村的个案研究表明，传统的生产生活方式有利于维持圩田系统的生态平衡，村落的社会规范及村民的道德意识是村民水污染行为的有效约束，而利益主体力量的失衡、传统伦理规范的丧失等则是造成水域污染的主要原因。④从更广地域和更长时段来看，外源污染不仅污染了水体，而且导致了内生污染。村民在解决和适应水污染的过程中，不仅逐渐丧失了传统的维持水乡生态平衡的价值观，而且无

① 麻国庆：《环境研究的社会文化观》，《社会学研究》，1993年第5期。

② 马戎：《必须重视环境社会学：谈社会学在环境科学中的应用》，《北京大学学报》（哲学社会科学版），1998年第4期。

③ 景军：《认知与自觉：一个西北乡村的环境抗争》，《中国农业大学学报》（社会科学版），2009年第4期。

④ 陈阿江：《水域污染的社会学解释：东村个案研究》，《南京师大学报》（社会科学版），2000年第1期。

意识地开发了水体的纳污功能，进而从传统的保护者变成了现代的污染者。①陈涛对一个非工业社区的环境污染进行分析后指出，传统道德和乡土规则的衰弱、社区归属感以及组织程度的弱化等改变了村民原有的环境行为，从而导致了污染。②

另一部分学者则强调政府主导的环境政策、环境治理措施等对环境行为的影响。王晓毅对内蒙古草原环境问题的研究表明，相关的环境政策往往忽视了草原环境问题的复杂性，只是简单采取生态移民、休牧禁牧等措施，以减少人口压力和降低对资源的消耗等。而这些政策往往是城市导向的，将当地居民从环境保护中剥离了出来，不仅忽视了他们的利益诉求，也忽视了地方传统知识的作用，最终导致地方政府的行为偏离初衷。③林梅认为，政策制定的高度不完全性，导致现实的政策实施等于实施加上对政策的再界定，再加上不同群体对政策与环境的不同认知、村庄非正式规则的影响、多重组织规范之间的难以协调，以及监控机制的不完善等，使环境政策的实施可能偏离初衷，带来意想不到的后果，进而对环境政策相关者的环境行为产生影响。④

理性选择理论分析的是不同环境主体的行为选择及博弈。哈丁的"公地悲剧"理论认为，人们在使用环境等公共资源的时候，往往只是从个体利益最大化的角度进行考量，导致公共资源的过度消耗，最终造成环境恶果。陈阿江对水污染事件中利益相关者的分析表明，企业主的理性是"近视"的，他们往往只看到短期收益；而普通百姓在面对反污染的专业壁垒和强势组织时，大多数人会选择沉默……总之，各方的关系格局最终决定了污染发生

① 陈阿江：《从外源污染到内生污染：太湖流域水环境恶化的社会文化逻辑》，《学海》，2007年1月。

② 陈涛：《非工业污染的环境社会学阐释：淮河流域徐村个案研究》，《天府新论》，2008年第5期。

③ 王晓毅：《环境压力下的草原社区：内蒙古六个嘎查村的调查》，北京：社会科学文献出版社，2009年版。

④ 林梅：《环境政策实施机制研究：一个制度分析框架》，《社会学研究》，2003年第1期。

的可能性及严重程度。①王芳指出，环境的公共性是环境问题的核心，环境问题的本质正是由于社会行动者从个体利益出发引起的环境行为失当而造成的公共空间的环境破坏问题，是相关行动者一系列个体理性行为的博弈建构出的一个集体非理性的结果。②这是转型时期我国环境问题的社会根源。

　　此外，还有一些学者对影响环境行为的社会人口特征、环境关心、社会交往及社会结构等因素进行了分析。龚文娟等的研究发现，非母亲女性在私人领域和公共领域的环境行为上都表现得比母亲群体更积极；媒体使用、环境污染感知、受教育年限等对母亲环境行为具有显著直接影响作用。③包智明等对云南省少数民族地区综合社会调查数据的分析结果显示，当地环境风险感知、全球环境风险感知和环保支付意愿对居民环境行为都有显著的正向驱动效应。④王琰认为，在经济增长的逻辑下，制度结构、人际关系、个体认知习惯三个层次紧密结合在一起，对个体的环保不作为产生影响。⑤卢春天等的实证研究表明，经济收入对于青年环境关心的影响呈倒"U"形曲线，政府环保工作评价对青年个体环境关心的影响效应随着生态文明建设进程的推进而减弱。⑥

　　从上述对环境行为社会影响因素的相关研究中，我们可以看到，不同的地域具有不同的生境条件，从而形成了不同的社会文化和生产生活方式，社会与环境之间的互动也呈现出不同的形态。在黄土高原地区，人们面临的是干旱缺水、植被稀少、水土流失

---

① 陈阿江：《水污染事件中的利益相关者分析》，《浙江学刊》，2008 年第 4 期。

② 王芳：《理性的困境：转型期环境问题的社会根源探析：环境行为的一种视角》，《华东理工大学学报》（社会科学版），2007 年第 1 期。

③ 龚文娟、彭远春、孙敏：《母亲身份、社会交往、环境污染感知与中国母亲群体的环境行为》，《中国地质大学学报》（社会科学版），2022 年第 1 期。

④ 包智明、颜其松：《环境关心对环境行为的驱动机制研究：基于云南省少数民族地区综合社会调查数据》，《西北师大学报》（社会科学版），2022 年第 5 期。

⑤ 王琰：《经济增长逻辑下的个体环保不作为：一个综合的研究框架》，《南京工业大学学报》（社会科学版），2023 年第 2 期。

⑥ 卢春天、卫子昊：《我国青年环境关心的变迁演替：基于 CGSS2003—2021 的数据分析》，《中国青年研究》，2023 年第 6 期。

严重的生态环境，雨养型旱作农业生产历来是该地区大部分村民的主要生存方式，因此，村民与环境之间的互动行为主要体现在农业生产之中。本书所关注的村民环境行为，正与该地区的农业发展形态和农业生产方式等紧密相关。

四、农业生产中的环境问题

农业生产高度依赖自然环境，同时又对自然环境产生深刻的影响。我国是一个传统的农业大国，有着悠久的农业发展历史。从纵向来看，不同时期的农业，受制于不同的技术条件和社会条件，发展状态各不相同，对自然环境产生的影响也不尽相同。从横向来看，我国幅员辽阔，在不同的地域范围内，受制于不同的自然地理环境，发展出形态各异的农业模式，而不同的农业模式与自然环境的互动不尽相同，造成的环境影响也不尽相同。

（一）传统农业的生态智慧及局部环境影响

总体来看，中国的传统农业是一种"精耕细作＋种养结合"的循环农业模式。该模式通过将畜禽粪便等有机废弃物作为农家肥而还田利用，使养殖和种植有机结合在一起，从而形成了一个良性的农业物质循环链条。这不仅是地力经久不衰的法宝，也有助于维持生态系统的平衡。20世纪初，美国农学家弗兰克林·哈瑞姆·金在《四千年的农夫——中国、朝鲜和日本的永久性农业》一书中，详细记载了中国等国家的农民利用人畜粪便、草木灰、淤泥等废弃物作为有机肥，使土壤能持续被利用数千年而肥力不减的智慧。

除了精耕细作、种养结合的特点之外，我国的传统农业还在具体的地方实践中，结合不同的地域特色，探索出了大量的地方性生态智慧。这些生态智慧是人们在长期的生产实践中反复试验、不断修正的结果，是经过世代积累而形成的宝贵财富。陈阿江对普遍存在于太湖流域的圩田系统进行了分析，发现物质和能量的循环利用是保持圩田系统平衡的关键。作为圩田系统的一部分，村民在长期的生产生活实践中，探索出了保持圩田生态系统平衡的知识和方法，如"罱河泥"既可以清洁水系、清除污泥，也可以为农业生产积肥。①尹绍亭对云南山地民族的刀耕火种耕作体系等进行了考察，揭示了山地民族与当地森林生态系统之间的互动演变关系。研究表明，在人口没有过度膨胀的情况下，刀耕火种的生产方式并没有对森林生态系统造成毁灭性的破坏，而是通过轮歇和迁移等行为，使森林得到一定程度的恢复，从而维持了生态系统的平衡。然而，随着人口的不断增长，该生产方式也逐渐被定居农业所取代。②陈阿江等对草原游牧生产方式的相关研究表明，"逐水草集体游牧"是游牧民族主动适应草原生态而采取的一种生产方式，这种生产方式在实现对草原最大化利用的同时，也维持了草原生态系统的平衡。相比之下，定居的生产方式以及对草场的"小农化"分割反而对草原生态系统的平衡产生了不利影响。③

虽然总体来看中国的传统农业是环境友好型的，但在农耕范围不断扩张的过程中，也造成了一些局部的、渐进的环境退化问题。在原始农业阶段，人们使用简易的生产工具，通过烧荒、撂荒的方式进行轮作，再加上人口较少，农业生产所造成的环境问题并不突出。进入传统农业阶段以后，铁质农具和畜力的广泛应用大大促进了农业生产力的发展，人口不断增加，当一个地区的人口增长超过了土地的承载力时，某种紧张或危机便会出现。缓解这种紧张状态的办法可以是通过技术的改进提高现有土地的利用率，也可以通过向外移民开辟新的生存空间。在这一过程中，很多非宜农的山地或草场被盲目开垦成农田，导致水土流失加剧、

---

① 陈阿江：《次生焦虑：太湖流域水污染的社会解读》，北京：中国社会科学出版社，2010年版，第100—105页。

② 尹绍亭：《人与森林：生态人类学视野中的刀耕火种》，昆明：云南教育出版社，2000年版，第349—350页。

③ 陈阿江、王婧：《游牧的"小农化"及其环境后果》，《学海》，2013年第1期。

水旱灾害频发、土壤沙漠化等环境恶果。[①]自宋代以来，农业扩张导致的环境问题日益明显和严重，明清以后尤其突出。[②]比如江南地区因围湖造田而引起的湖泊面积萎缩、南方山地开发导致的水土流失、沿长城地带的农业开垦造成的土地沙化等。[③]如前所述，黄土高原的环境恶化，从很大程度上来说是人口不断增加、农业技术不断发展，以及农耕范围不断扩张，将不适合发展农业的山坡地盲目垦殖成农田所导致的后果。

（二）传统农业的现代转型及其环境问题

农业领域的环境问题，是伴随社会的现代化以及农业的现代化转型而逐渐凸显的。现代社会以城市为中心，人口大量聚集于城市，这不仅是一系列城市环境问题的根源，也与很多农村环境问题息息相关。现代农业以技术和石化资源为核心，技术的改进和农药化肥的大量使用在提高产量的同时，也带来了土壤退化、面源污染、食品安全隐患、生物多样性减少等问题。

早在19世纪初，欧美等资本主义国家的土壤肥力危机就引发了关注。马克思认为，英国的土壤肥力危机是在资本主义的生产方式下，人口越来越多地集中于城市，使得被消费掉的土壤养分以垃圾的形式滞留于城市，无法回归农村土地，造成土壤营养循环断裂而导致的。[④]之后，福斯特进一步完善了关于土壤养分循环断裂的论述，对资本主义社会的土壤养分循环断裂原因及其环境后果进行了分析。[⑤]

就中国而言，传统农业的现代化转型是当前一系列农业环境

---

① 王晗：《陕北黄土高原的环境（1644—1949年）》，北京：中国环境出版集团，2020年版，第270—272页。

② 高国荣：《生态、历史与未来农业发展》，《史学月刊》，2018年第3期。

③ 韩茂莉：《中国历史农业地理上》，北京：北京大学出版社，2012年版，第25—30页。

④ 《马克思恩格斯文集》（第五卷），北京：人民出版社，2009年版，第579页。

⑤ 约翰·贝拉米·福斯特：《生态危机与资本主义》，耿建新译，上海：上海译文出版社，2006年版，第153—162页。

问题的根源。正如日本环境社会学家鸟越皓之认为，如果农业继续按照传统的方式开展，从环保的角度看，是不会导致如此严重的环境问题的。[1]然而，随着工业化、城市化的不断发展，中国的传统农业逐渐向现代农业转变。在这一过程中，农业的生产方式、组织方式、用肥方式等都发生了变化，环境问题也随之产生。陈阿江等对农业面源污染进行分析后指出：农业循环链条的断裂是当前农业面源污染的重要原因；通过完善立法、促进农牧对接、充分发挥市场机制的作用等方式，将断裂的种养主体重新进行链接是解决问题的关键。[2]

目前来看，我国传统农业的现代化转型方向可能有两种：一是向规模农业转型，一是向黄宗智所谓"小而精"式的高值农业转型。一般而言，规模农业需要以平坦而广阔的土地为基础，因此适宜在平原地区发展；而在土地高低不平的山区丘陵地区，则更可能向"小而精"的高值农业发展。从环境影响的角度来看，省时省力的现代化规模农业更容易造成资本深化的农业"双重负外部性"。[3]其中，机械对人力的替代以及化肥对传统粪肥的替代，使种植户日益失去使用粪肥的动力，进而导致了农业面源污染的发生。相比之下，"小而精"的高值农业则在本质上与传统农业更为接近，是一种可以为人们提供健康食物的绿色农业。[4]因此，可以说高值农业是一种兼具经济效益和环境效益的农业发展模式。

综上所述，不同地区和不同形态的农业所导致的环境问题是不同的。与广大平原地区因农药化肥的过量使用而造成的面源污染及土壤退化等环境问题相比，山地丘陵地区的农业在发展过程中对森林植被的破坏以及因此而造成的水土流失问题则是更为紧

---

[1] 鸟越皓之：《环境社会学：站在生活者的角度思考》，宋金文译，北京：中国环境科学出版社，2009年版，第37页。

[2] 陈阿江、林蓉：《农业循环的断裂及重建策略》，《学习与探索》，2018年第7期。

[3] 温铁军、程存旺、石嫣：《中国农业污染成因及转向路径选择》，《环境保护》，2013年第14期。

[4] 黄宗智：《中国的隐性农业革命》，北京：法律出版社，2010年版，第107页。

要的环境问题。黄土高原由于特殊的土壤、地形和气候条件，其农业发展与植被破坏之间的关系更为紧密，因植被破坏而导致的水土流失问题也更为严重。在传统时期，黄土高原的坡耕地因持续不断的水土流失而日益贫瘠，形成了一种广种薄收式的农业发展模式。当一块土地经过几年的耕种之后变得越来越贫瘠时，人们就不得不另辟新地，而另辟新地的过程常常伴随着对林草植被的破坏，进而不断加剧水土流失。到1949年，黄土高原的森林植被已几乎被破坏殆尽，所有能开发成耕地的土地也几乎被开发殆尽。在这一状况之下，新中国成立之后的黄土高原地区，其农业经历了一个怎样的发展过程，以及这一发展过程又对环境造成了怎样的影响都是本书所要关注的问题。

第三节　研究个案选取及田野资料收集

一、个案选取

本书采用定性的实地研究方式，以一个具体的"微型社区"作为研究对象，通过参与观察、深度访谈、文献收集等方法收集研究资料。费孝通在《重读〈江村经济·序言〉》一文中对"微型社会学"的研究方法进行了阐述[①]。微型社会学是以一个人数较小的社区或一个较大的社区的一部分为研究对象，研究者亲自参与当地的社会活动，密切观察。在一个边界确定、特征鲜明的社区范围内，研究者可以通过与社区居民的"亲密接触"，深入人际关系，从而完整概括该社区的"人文世界"。微型社区研究虽然存在空间、时间和文化层次上的局限，也一直面临能否"以微明宏，以个别例证一般"的质疑，但"确有许多中国的农村由于所处条件的相同，在社会结构上和所具文化方式上"也相同。所以，一

[①] 费孝通：《重读〈江村经济·序言〉》，《北东大学学报》（哲学社会科学版），1996年第4期。

个微型社区的研究固然不是中国全部农村的代表，但不失为许多中国农村所共同的"类型"或"模式"。通过各种"类型"或"模式"的积累，我们可以用"逐渐接近"的手段来达到从局部到全面的了解。[①]在此思路之下，本书选取甘谷县的谢村这一"微型社区"作为研究对象，对其1949年至今的村民环境行为进行考察。

本书选择甘谷县的谢村为案例村，主要基于以下几个方面的考虑：

从地理位置来看，谢村位于渭河上游北岸的陇中黄土高原地区，村庄前面的大沟直接与渭河相连，因此发生在谢村这一小范围内的环境行为可以直接与更大范围的环境影响建立联系。

从自然条件来看，谢村的地形地貌、土壤、气候、降水、植被覆盖等都具有典型的黄土丘陵沟壑区特征，而黄土丘陵沟壑区是黄土高原水土流失严重、生态脆弱的区域。

从农业发展来看，甘谷县是传统的农业大县，是西北黄土高原农业开发较早的地区之一，而谢村所在的渭北前山区则由于农业发展条件较好，是该县主要的粮食、林果、药材产区。从黄土高原环境变迁的历史来看，农业发展是影响生态环境的重要因素。

从人口特征来看，甘谷县是人口大县，而谢村所在的前山区则由于农业条件较好一直是该县人口密度较高的地区。人口增加所带来的环境压力也是影响黄土高原环境的重要因素。

从村民的环境行为来看，谢村在1949年至今的几个阶段里环境行为内容丰富、特征明显。在人民公社时期，谢村开展了修梯田、筑大坝和植树造林等一系列环境改造活动，在村域范围内形成了一个"理想型"的水土保持体系；在土地承包到户之后的10多年间，在多种因素的共同作用下，谢村的林木被砍伐殆尽，村域环境遭到破坏；2000年之后，随着村庄人口的大量外流，村庄内部的人口环境压力逐渐减小，村民对环境的开发力度随之减弱，村庄环境呈现出向好的趋势。总之，在不同时期，村民与环境之

[①] 费孝通：《江村经济》，上海：上海人民出版社，2006年版，第250—251、267—268页。

间的互动呈现出了不同的特征。

为了确保研究的全面性和拓展性，笔者除了重点收集案例村的相关资料以外，还注重点面结合，通过文献资料、统计年鉴、政府相关部门文件等对甘谷县县域的整体情况进行深入分析。如县域的人口、农业、林业、教育等发展状况，都在笔者的调查范围之内。

二、田野调查

在选定案例村之后，笔者先后三次深入谢村进行田野调查，累计约 90 天。在调查过程中，笔者主要采取参与观察法、访谈法和文献法收集资料。此外，笔者还通过电话、微信等方式与主要调查对象保持沟通，以补充、核实相关材料和信息。

（一）参与观察法

参与观察法是了解和感知陌生群体和文化的有效方法。研究者将已有的知识暂时搁置，以"无知者"的身份参与到研究对象的日常生活中，在与研究对象的不断互动中与其建立起信任关系，进而全方位、多场景地体验其生活、观察其行为、理解其文化。在驻村调查期间，笔者一行住在师姐家的空房子里。由于师姐的家人都已移居城市，房子常年无人居住，水窖也无法使用，我们的日常用水只能从邻居家有偿"借"用。在"借水"的过程中，我们与邻居之间建立起了紧密的互动关系。我们不仅通过"借水"近距离观察了邻居家的日常生活，还通过与他们的"闲聊"了解了不少村里的情况。此外，"借水"也让我们深刻感受到当地的缺水状况。因为家里盛水的容器有限，所以一次借来的水量有限，为了不至于频繁地去邻居家"借水"（毕竟都是靠水窖储水，每家的水都不多），我们很快学会了很多节水的方法。

村里的商店附近是村民交流的中心。每到傍晚，一些村民就会到这里来闲话家常，我们也会加入他们的谈话。这种闲谈增进了我们与村民之间的相互了解，从他们的话题中，我们知道了他们关心的事情，而通过对我们的询问，他们也了解了我们的基本情况。在相互了解的基础上，彼此之间的信任关系也逐渐建立起来。遇到花椒收获的季节，我们会走进田间，与村民一起采摘花椒，一边体验花椒采摘的不易，一边了解当地的花椒种植情况。在与村民相处的过程中，我们逐渐融入了村庄的日常生活，成为他们中的一员，为进一步的深度访谈打下了良好的基础。

（二）访谈法

访谈法是笔者在田野调查中获取第一手资料的主要方法。在师姐的引荐下，笔者结识了谢村小学的文老师。在整个调查期间，文老师不仅是最重要的调查对象，也是给笔者提供最多帮助的人。考虑到文老师在整个调查过程中的重要作用，笔者在此对其进行简要介绍。文老师1970年出生，是土生土长的谢村人。1988年从中等师范学校毕业后，他一直在县域内从事基础教育工作。2008年，为了离家近，文老师主动要求调入谢村小学任教。文老师一边教书，一边抽空打理自家的几亩耕地，可以说是现代版的耕读老师。文老师的父亲也是一位学识渊博、品德高尚的教师，在村民心中威望极高。文老师不仅对县域内的教育情况比较了解，而且熟知村庄内部的人和事。与普通村民相比，文老师对于村庄环境问题有着更多更深的思考。在文老师的帮助下，我们走遍了谢村的大沟小壑，非常顺利地找到了各种"关键信息人"。在访谈过程中遇到语言障碍的时候，文老师也会在一旁翻译。

笔者深度访谈的对象主要有以下几类群体：首先是对村庄历史较为了解的年长者。由于本研究涉及的时间跨度较长，涉及人民公社时期发生的事情，因此需要找到当时的亲历者以了解具体情况。在文老师的帮助下，笔者找到了人民公社时期的党委书记、会计、一队队长、护林员等关键当事人，通过深度访谈对该时期以及包产到户初期所发生的事情有了全面深入的了解。其次是村庄一些具有代表性的人物。通过对现任书记的访谈，了解了村庄当前的发展状况；通过对花椒种植大户的访谈，了解了村庄近年来花椒产业的发展情况等。最后是普通村民。比如我们的邻居，通过与其多次交谈，既了解了村庄的历史和现状，又知道了其日常的生产生活状况及子女务工的情况等。通过对以上三类人群的深度访谈，笔者真实、有效地获取了村庄各个方面的信息，为本书的写作打下了坚实的基础。

在不同的调查阶段，笔者运用了不同的访谈策略。调查初期，因为对村庄缺乏基本了解，所以笔者主要采取了"漫无目的"式的无结构式访谈，访谈的对象和访谈的内容都比较宽泛，涉及村民生活的方方面面。随着调查的逐步深入，在对村庄概况形成初步印象之后，笔者开始对访谈对象进行选择，访谈的内容也逐渐聚焦。此时的访谈以半结构式访谈为主，每次访谈之前，笔者都会确定一个访谈主题，并围绕主题拟定一份访谈提纲，再找到合适的访谈对象进行深度访谈。

（三）文献法

此外，笔者还通过文献法收集了大量的区域性背景材料。首先是地方史志。笔者收集的地方史志主要有《天水市志》《甘谷县志》《甘谷史话》《古冀甘谷华夏第一县》等。通过对这些史志文献的研读，笔者在一定时间和空间内把握了地域性的经济、社会、文化、人口、自然地理等方面的概况。其次是政府部门的相关资料。笔者走访了甘谷县档案馆、林业和草原局、水务局、统计局等，获取了甘谷县 1980—2014 年的统计年鉴、《甘谷县林业志》、《甘谷县水利志（1986—2007 年）》等资料。该统计年鉴为本书提供了丰富翔实的经济、社会、人口、土地等数据信息，《甘谷县林业志》和《甘谷县水利志（1986—2007 年）》则为了解当地的森林植被变化和水土流失及治理状况提供了重要的参考资料。最后是其他相关资料。例如，为了解县域内的退耕还林还草政策和花椒、苹果等经济产业发展现状，政府部门的相关网站也成为笔者获取信息的重要渠道。

三、资料分析

如何利用田野调查中获取的大量资料进行系统分析和理性思考，并将最终结果呈现给读者，是定性研究的关键。本书的资料分析主要从以下两个方面着手：

第一，从经验材料出发，凝练和提升研究主题。对于生长在长江沿岸平原地区的笔者而言，黄土高原以及谢村是一个相对陌生的地理区域。在做田野调查之前，虽然笔者通过阅读相关文献，做了必要的知识准备，但在整个调查期间，笔者并未先入为主地进行相关理论预设，以避免在深刻理解调查对象和发现真实问题之前，将调查的视角和思维局限在一个有限的框架内。相反，笔者借鉴了扎根理论①的方法，先尽可能全方位、多角度地收集材料和信息。每天访谈结束之后，笔者会及时将访谈录音整理成文字，并根据已有材料规划下一次的调查内容。每隔几天，笔者都会对已有材料进行一次归纳和梳理，这一过程不仅可以帮助笔者找到下一阶段的调查方向，也是研究主题不断聚焦的过程。笔者是从"缺水问题"开始调查的，随着调查的逐步深入，笔者逐渐将"缺水问题"拓展到"村民与环境之间的互动"这一主题之上，然后再分时期有重点地对村民的环境行为进行了调查，所以整个调查过程既是资料整理和分析的过程，也是研究主题不断明晰的过程。调查结束之后，在利用材料分析主题的过程中，笔者在充分考虑行动发生的历史背景和社会特征的前提下，立足于经验材料进行客观的分析。总体而言，笔者是在对调查资料进行归纳与总结的基础上，一步步凝练和提升主题，再根据主题选择相关的理论进行分析和思考。

第二，以小见大，通过"微型社区"透视黄土高原的环境变迁。虽然本研究聚焦于一个具体的"微型社区"，但更深远的目的是希望通过对这一具体社区70多年来不同时期村民环境行为的

---

① 陈向明：《扎根理论的思路和方法》，《教育研究与实验》，1999年第4期。

"深描"[①]，透视近代以来黄土高原地区的环境演变过程。

从村庄发展形态及特征来看，人民公社时期的高度组织化时期、土地承包到户之后社会控制的弱化时期、2000年之后农民生计的非农化时期，几乎是中国每一个农村都经历的几个阶段。虽然在同一发展阶段，不同的村庄会因其所具备的不同条件和不同文化而呈现出不同的特色，但总体来看，很多地域上相近、资源禀赋和文化相似的村庄，在相同的发展阶段会表现出很多相似之处。因此，发生在某一"微型社区"里的社会现象往往是更大社区的缩影。

从不同时期的环境行为来看，人民公社时期，很多村庄都在"农业学大寨"的号召下开展了修梯田、筑大坝等农田基本建设；土地承包到户之后，很多地方的村民也在全力发展经济的驱动以及不断增加的人口压力下，加大了对环境资源的开发与利用强度；人口大量外流到城市后，农村村民对土地的依赖程度逐渐降低，对环境的开发利用强度也随之减弱。

从环境治理的角度来看，以修建梯田为主的治坡工程、以库坝建设为主的治沟工程、植树造林工程等，一直是黄土高原水土流失治理的主要措施。关于这一系列从国家的视角出发的治理措施是如何在乡村社会推行的，其后期效果如何等问题，谢村正好为我们提供了一个可供观察和分析的理想模型。因此，笔者虽然着眼的是一个具体的"微型社区"，但关注的其实是整个黄土高原的环境变迁这一更宏大的议题。

第四节　研究思路及总体框架

基于调查资料和研究主题，本书以"三个时期"和"两条主线"来组织和安排篇章结构。"三个时期"分别是人民公社时期

---

① 克利福德·格尔茨：《文化的解释》，韩莉译，南京：译林出版社，2008年版，第6页。

（本书指其中的1960—1979年）①、土地承包到户之后（本书指1980—1999年）、2000年以后。"两条主线"为不同时期乡村社会的发展形态及特征和不同时期村民环境行为的内容及特征。不同时期乡村社会的主要特点可概括为强组织、弱控制、生计的非农化，不同时期村民的环境行为特点分别是改造、过度开发和增绿，由此形成了本书的三个主体章节。在每个章节内部，则大致按照社会背景、环境行为的内容及其后果、行动逻辑分析的顺序展开论述。总体来看，本研究以时间为主线，以乡村社会的演变为背景，呈现和分析村民的环境行为及其后果。具体来看，各个章节的内容如下：

第一章为导论，在介绍研究背景、研究缘起和研究问题的基础上，对已有相关研究进行述评，并阐述研究方法。

第二章主要介绍黄土高原、调查县域及案例村的水文、气候、植被覆盖等自然地理概况和人口、土地、农业及经济发展等相关情况。

第三章分析人民公社时期村民的环境改造行为。在集体化和"农业学大寨"的社会背景下，谢村组织和动员全村力量完成了修梯田、筑大坝、植树造林等一系列环境改造工作，从而在村域范围内依地势高低形成了一个较为完整的水土保持系统。这一系统的形成，不仅改善和提高了农业生产条件，而且减缓了水土流失，使村庄环境得到了改善。

第四章通过对村民滥砍树木行为的分析，阐释实施家庭联产承包责任制之后的20世纪80—90年代，村民对环境资源进行过度开发的社会影响因素及其环境后果。这一时期，在经济快速发展、人口急剧增加、气候日趋干旱等因素的共同作用下，谢村村民为

---

① 因为本书第三章的核心内容主要发生在1960年至1979年的人民公社时期，所以将这一阶段的起止年份具体到这一范围。同时，第三章对集体化相关内容的梳理也涉及1949年至1960年期间发生的一些事情，所以从整体上概述本书内容时，会将涉及的时间范围表述为"新中国成立以来"。希望通过这里的说明能消除读者可能存在的疑虑。

了满足对建材和薪柴的需求，将集体时期栽种的树木砍伐殆尽。在村民的过度开发之下，村庄环境不断恶化，泉水逐渐枯竭，村民生活用水日益匮乏。

第五章主要分析生计非农化之后村民与环境互动的新趋势。2000年以后，伴随劳动力的大量非农化转移，村民的生计逐渐向非农化转变。生计非农化之后，农民与土地之间的关系发生变化，农民对土地的开发利用方式也随之变化。一方面，随着劳动力的大量外流，一部分费时费力、耕种不便、收益比较低的耕地被退耕还草；另一方面，在退耕还林政策的推动和市场行情的驱动下，特色经济林得到大面积发展。退耕还草和经济林木的发展不仅增加了植被覆盖面积，而且改善了植被覆盖结构，从而在一定程度上减缓了水土流失，促进了生态环境的恢复。从行动逻辑来看，谢村村民在这一时期的土地增绿行为是基于比较利益的考量而做出的理性选择。

第六章为结论与讨论。该章在前文分析的基础上，从结构与行动的关系视角出发，总结了影响村民环境行为演变的结构性因素，探讨了黄土高原地区可能的经济发展与生态恢复的互促共进之路。

第二章　地域特征和案例村概况

对黄土高原地区独特的自然环境特征的了解，是进一步把握和分析村民环境行为的基础。本章首先介绍了黄土高原的气候和环境特征，其次介绍了甘谷县的地理区位、水文气候、植被变化及农业发展等概况，最后介绍了案例村谢村的基本情况。

第一节　黄土高原气候和环境特征

一、黄土高原概况

黄土高原范围宽广，它南依秦岭，北抵阴山，西至乌鞘岭，东抵太行山，位于北纬33°41′—41°16′、东经100°52′—114°33′，辖晋、陕、甘、宁、青、豫、内蒙古7省（自治区）的大部分或一部分地区，总面积约64.2万平方千米。[①]在具有大面积黄土分布的典型黄土高原面积之中，山西省、陕西省和甘肃省的面积较大，其他省（自治区）的面积相对较小（如表2-1）。

[①] 关于黄土高原的范围界限问题，不同的学者有不同的看法。地质学家以黄土分布的连续性及厚度为根据来划定界限，水土保持学家则以水流系统来定界，地理学家则综合了自然地理的多项特征来定界。范围界限不同，总面积也随之不同。在此，笔者主要参考水利部、中国科学院、中国工程院编：《中国水土流失防治与生态安全·西北黄土高原区卷》，北京：科学出版社，2010年版，第1页。

表2-1 典型黄土高原辖区面积[①]

省(自治区)	面积/万平方千米	占总面积的百分比/%[②]
山西省	11.8	32.92
陕西省	10.365	28.91
甘肃省	9.473	26.42
宁夏回族自治区	2.561	7.14
内蒙古自治区	0.785	2.19
河南省	0.748	2.09
青海省	0.118	0.33
总计	35.85	100

依据地形地貌等自然条件和侵蚀特点，黄土高原可分为土石山区、河谷平原区、风沙区、丘陵沟壑区、高塬沟壑区以及土石丘陵林区6个类型区。[③]其中，丘陵沟壑区和高塬沟壑区的面积最大。丘陵沟壑区主要分布在山西西部、陕西北部、宁夏南部和甘肃中部等地区，其主要形态有长条状的墚、圆形或椭圆形馒头状的峁。墚顶窄狭，沿分水线有较大的起伏；峁顶弯起，面积不大。墚、峁之间纵横交织地分布着大大小小的沟壑。

黄土高原地表覆盖着厚厚的黄土。除少部分石质山地的黄土覆盖较薄之外，其余大部分的黄土厚度都在50米以上，有的地方甚至有200多米，远远超过世界其他黄土地区的黄土层厚度。黄土是松散的黄色土状堆积物，质地疏松，利于植物根系伸展；它具有大孔隙和垂直节理，透水性及湿陷性强，遇水后易崩解和散落，抵抗水蚀及风蚀的能力都较差。此外，遇地表径流和局部积水时，

---

① 中国科学院黄土高原综合科学考察队：《黄土高原地区资源环境社会经济数据集》，北京：中国经济出版社，1992年版，第5页。

② 为使数据呈现得更加清晰直观且符合逻辑，本书对数据进行了一定的优化处理，后同，不再一一标注。

③ 高海东、李占斌、李鹏等：《基于土壤侵蚀控制度的黄土高原水土流失治理潜力研究》，《地理学报》，2015年第9期。

容易下切成沟或塌陷。

二、气候特征

黄土高原地处内陆腹地，气候温暖干燥。按中国气候区划，黄土高原分属四个气候区：南部为温暖带半湿润气候区，陇东与陇南天水地区、陕北延安地区及山西中部为温暖带半干旱气候区，陇中（甘肃定西地区及兰州市）、宁夏南部固原地区、陕北榆林地区及山西北部为温带半干旱气候区，宁夏盐池、同心与甘肃兰州一线以西为温带干旱气候区。黄土高原各地区年平均气温变化在2.2℃—13.0℃。

黄土高原各地区的年平均降雨量主要为200—600毫米，从东南向西北递减。东南部地区的年平均降雨量可达650—700毫米；向西北至呼和浩特—兰州一线降至400毫米，到宁夏的银川平原降水量则不足200毫米。[①]总体来看，除了东南部的关中及豫西北地区的年平均降雨量超过了600毫米之外，其他地区的年平均降雨量都在600毫米以下。

黄土高原降雨的一个重要特点是雨水集中、暴雨强烈。降水多集中在夏季，这一时期的降雨量可占全年降雨量的56.7%，秋季的降雨量大约占26.7%，春季较少，冬季最少。而且夏秋季节的降雨量还集中在几次较大的降雨中，24小时暴雨笼罩面积可达5万—7万平方千米。黄河河口镇至龙门，泾、洛、渭、汾河，伊洛沁河为黄土高原地区三大暴雨中心。此外，降雨量年际变率大，丰水年降雨量可达695毫米，干旱年降雨量只有200毫米。降雨量少、降雨集中、季节分布不均，是黄土高原干旱的重要原因；暴雨的强烈冲刷，是黄土高原水土流失的重要原因。

黄土高原水分蒸发量大。作为全球水循环的重要环节，潜在蒸发量的变化直接影响区域干湿状况、植物的生长及区域水资源供需平衡。1960—2017年，黄土高原年平均潜在蒸发量为1074毫

---

① 水利部、中国科学院、中国工程院编：《中国水土流失防治与生态安全·西北黄土高原区卷》，北京：科学出版社，2010年版，第6页。

米，潜在蒸发量最大值为 1181 毫米，最小值为 987 毫米，年潜在蒸发量总体呈上升趋势。在山地、丘陵和平原三种地形中，丘陵地区年平均潜在蒸发量最高，达 1078 毫米。[①]

综合来看，干旱是黄土高原主要的气候特征之一。黄土高原大部分地区处于晋陕甘半干旱气候区，多数地方雨量偏少，而且降雨季节分布不均、年际变化较大，再加上日照强烈且时间长，水分蒸发量大，因此，容易引发干旱。尤其近半个世纪以来，在全球气候变暖的大背景下，黄土高原的暖干化趋势愈发明显。在年平均气温明显升高的同时，年降雨量和植物生长季降雨量逐渐减少，年尺度标准化降水蒸散指标呈下降趋势的区域遍布整个黄土高原，以山西西部、宁夏北部和甘肃中东部最为显著。[②]

日趋干旱的气候使黄土高原的生态系统越来越脆弱。土壤含水量下降，植物存活率降低，植被覆盖率受到影响；地表土质变得更加疏松，水土流失更容易发生。干旱引起的旱灾历来是黄土高原地区较为突出的灾害之一，缺水问题也一直制约着黄土高原地区的经济社会发展，给人们的生产和生活都造成严重的影响。

黄土高原的地质、地貌、土壤、水文、气候等特征对该地区的环境变化产生了重要影响，同时，这些因素也影响着人们对这片土地的开发行为。于是，自然因素与人为因素共同导致了该地区的环境变化。正是由于黄土土壤肥沃，土质疏松，易于耕作，因此在这片深厚的黄土地上，发展出了中国北方最早的农耕文明。直到现在，黄土高原所在的地区大部分都是农业区，以农业经济为主。而黄土高原的环境变迁史实际上是一部农耕范围不断扩大，林草植被不断遭到破坏的历史。林草植被遭到破坏之后，黄土高原的气候更趋干旱，水土流失不断加剧，生态系统逐渐失衡，生存环境也更加恶劣。

---

① 郑振婧：《黄土高原潜在蒸发量时空变化特征及其影响因素分析》，山西师范大学研究生学位论文，2020年，第17页。

② 孙艺杰、刘宪锋、任志远等：《1960—2016年黄土高原多尺度干旱特征及影响因素》，《地理研究》，2019年第7期。

三、环境特征

（一）林草植被稀少

历史时期黄土高原的林草植被经历了一个由丰茂到稀少的过程。黄土高原原本是一个气候宜人、林草丰茂、土壤肥沃、河水充沛的美丽高原，然而随着人类活动的增加和人口的不断增长、农耕文明的不断扩展，黄土高原的天然林草植被不断遭到破坏。

西周以前，人类活动对黄土高原植被的影响主要集中在河谷川台附近。因为当时人口数量较少，农业发展有限，所以对植被的破坏也十分有限。除了一小部分河谷平原和黄土台塬等地势平坦适合农耕的地区的林草植被为农作物所取代之外，黄土高原大部分地区的植被基本保持着天然状态。

西周至战国时期，黄土高原南部平原地区的森林、草原逐渐被耕地所取代，但山地植被仍保持着较好的状态。西周时，气候的干冷化使植被带南移。[1]此时，黄土高原的很多地区以草原植被为主，比如陕北、陇东一带有广阔的草原。商末至战国时期，延安、离石、庆阳一线以北长期是游牧民族的分布地区。到战国时期，由于铁器的广泛使用，农业快速发展，黄土高原南部的平原被大量开垦成耕地。[2]

秦至西汉时期，政府大力推行"移民实边"政策，农耕范围不断扩展。如汉武帝迁徙70万人大规模开垦黄土高原，将很多游牧地区变成农业区，当地的林草植被因而遭到破坏。[3]黄土高原北部沿秦长城经东胜东、榆林北、靖边北到环县一线，形成一条农牧分界线。农耕范围的扩展虽然使林草植被遭到一定程度的破坏，

---

[1] 黄春长：《渭河流域3100年前资源退化与人地关系演变》，《地理科学》，2001年第1期。

[2] 桑广书：《黄土高原历史时期植被变化》，《干旱区资源与环境》，2005年第4期。

[3] 曲格平、李金昌：《中国人口与环境》，北京：中国环境科学出版社，1992年版，第13页。

但总体上尚未改变黄土高原的植被面貌。

东汉至北魏以前，是畜牧业上升为主导地位的时期。此阶段，汉族封建王朝对黄土高原地区的控制有所减弱，汉族居民数量锐减，北方游牧民族势力逐渐增强，农业开垦范围缩小，畜牧业占据了主导地位。至东汉末期，农牧地区分界线又恢复到战国前的状态，即由河北昌黎县碣石（经太原）至陕西韩城市龙门一线。[①]

唐宋时期是黄土高原植被变化的转折期。这一时期，农业发展达到新的高峰，并不断向黄土高原中部、西部推进。同时，人口快速增长，导致对建材、薪柴的需求量大幅增加。此外，到唐朝末期时，黄土高原的暖湿期结束，气候日趋干旱。因此，在农业发展、人口增加、气候变化等多重因素的共同作用下，黄土高原的天然植被大范围遭到了破坏。此时，关中平原、汾涑河流域平原已经没有了天然森林植被。[②]北部毛乌素沙漠南侵，使植被带界线南移，植被覆盖率大大降低；到了唐后期，靖边、榆林一带方圆几千里都是流沙，天然植被仅存在于太行山、吕梁山、芦芽山、云中山等山地。北宋时期大兴土木，进一步加大了对黄土高原腹地森林资源的采伐。总体而言，到唐宋时期，黄土高原河谷川台地区已经没有天然森林，黄土丘陵区的天然植被也遭到了较大程度的破坏，天然森林仅存在于黄土石质丘陵和土石山地。同时，北部长城沿线沙漠南侵，土地沙化问题凸显。

到明清时期，广大黄土丘陵区的天然植被已经荡然无存。金元时期，黄土高原的坡地不断被开垦，黄土丘陵区的疏林、灌丛和草原遭到破坏。元代时，为了兴建北京城，加大了对西北林木的采伐力度。明代时为修筑长城，沿长城线的屯垦导致黄土高原北部丘陵区的坡地和长城沿线的草原遭到毁灭性的破坏。同时，明代中叶以后"小冰期"的到来，使黄土高原的自然环境进一步

---

① 朱士光：《黄土高原地区环境变迁及其治理》，郑州：黄河水利出版社，1999年版，第45页。

② 史念海、曹尔琴、朱士光：《黄土高原森林与草原的变迁》，西安：陕西人民出版社，1985年版，第144—161页。

恶化。

林草植被的破坏引发了一系列环境恶果。一是水土流失不断加剧。大量失去林草植被保护的黄土裸露在外,黄土在暖干的气候条件下变得更加疏松,再加上高强度的集中降雨冲刷,水土流失不断加剧。水土流失的具体情况将在后文进行详细分析。

二是气候进一步恶化。林草植被遭到严重破坏之后,水源得不到涵养,气候越发干旱;地表径流失去拦蓄,雨季时容易发生洪水、泥石流等灾害。以陕北的旱灾为例:公元前2世纪至公元前1世纪的秦与西汉时期,共发生较大旱灾27次,平均每百年13次;公元1世纪至6世纪的王莽至隋时期,共发生较大旱灾8次,平均每百年仅1次;公元7世纪至20世纪前半叶,共发生较大旱灾236次,平均每百年17次。[①]较大水灾的发生情况与旱灾具有相同的马鞍形特点。水、旱灾害的这一发展变化情况,正好与前述黄土高原林草植被的破坏情况一致。秦与西汉时期,由于大规模的开垦,耕地面积日增,林草面积日蹙,雨水失调,水、旱灾害增多。王莽至隋时期,游牧占据主导地位,林草植被得到一定程度的恢复,因此水、旱灾害相对减少。唐朝以后,在林草植被逐渐被垦伐殆尽的同时,气候不断恶化,水、旱灾害日趋频繁。

三是水资源更加缺乏。一些河流的水量减少,许多湖泊逐渐干涸。如榆溪河红石峡等河段,明代时尚能泛舟,到清代时由于水量减少,舟船即废。还有靖边县的海则滩,榆林市的刀兔、金鸡滩,神木市的大保当等地,古代都是湖泊,但大多数在唐、宋以后逐渐枯竭。[②]

四是沙漠地区不断南移和扩大。黄土高原在秦汉以前的文献中,并没有关于沙漠的记载。关于沙漠的信息最早出现在南北朝末年,但当时的沙阜、沙陵相互孤立,并未连成片,草原则相对

---

① 朱士光:《黄土高原地区环境变迁及其治理》,郑州:黄河水利出版社,1999年版,第19页。

② 朱士光:《黄土高原地区环境变迁及其治理》,郑州:黄河水利出版社,1999年版,第25页。

广阔。隋唐以后，由于不合理耕作、过度采伐和放牧，森林草场遭到破坏，面积不断缩小。失去林草植被保护的土地无法抵御风沙的侵袭而不断沙化，北部沙漠不断向东南方向扩展，面积不断增大。

（二）水土流失严重

黄土高原是我国乃至世界上水土流失最为严重的区域之一。2002 年，黄土高原水土流失面积达 39.08 万平方千米，其中水力侵蚀面积 33.41 万平方千米，风力侵蚀面积 5.62 万平方千米，冻融侵蚀面积 0.05 万平方千米。[①]《黄河流域水土保持公报（2021 年）》显示：2021 年，黄河流域黄土高原地区水土流失面积为 23.13 万平方千米，其中，水力侵蚀面积 17.75 万平方千米，风力侵蚀面积 5.38 万平方千米。按侵蚀强度分，轻度、中度、强烈、极强烈、剧烈侵蚀面积分别为 14.47 万平方千米、5.58 万平方千米、1.94 万平方千米、0.93 万平方千米、0.21 万平方千米，分别占区域水土流失总面积的 62.56%、24.12%、8.39%、4.02%、0.91%。从上述数据可见，经过长期的水土流失综合治理，黄土高原地区的水土流失面积已明显缩减，但水土流失问题依然严峻。

从地形地貌来看，黄土丘陵沟壑区由于沟壑密度大、切割深度深，水土流失严重。从耕地类型来看，坡耕地面积越大，越容易导致水土流失。在高强度暴雨的冲刷下，坡度较大的地面甚至会发生整个耕层脱壳流失的现象。20 世纪 90 年代以前，黄土高原的坡耕地面积占总耕地面积的 50% 左右，黄土丘陵沟壑区的坡耕地面积则占 70%—90%。[②]2013 年，国家实施坡耕地水土流失综合治理专项工程，在黄土高原开展了大规模、高标准、模式多样化、强示范作用的梯田建设。到 2018 年，黄土高原已有梯田面积

[①] 水利部、中国科学院、中国工程院：《中国水土流失防治与生态安全·西北黄土高原区卷》，北京：科学出版社，2010 年版，第 28—59 页。

[②] 曲格平、李金昌：《中国人口与环境》，北京：中国环境科学出版社，1992 年版，第 54 页。

368.97万平方千米，主要分布在甘肃省黄河流域及邻近地区。黄土丘陵沟壑区的梯田面积最为集中，该区总面积仅占黄土高原总面积的29%，梯田面积却占了黄土高原梯田总面积的69.37%。[①]梯田建设对于减缓黄土高原地区的水土流失具有重要作用。

水土流失使土壤肥力严重受损，耕地寿命大大缩短。水利部水土保持司的统计资料显示，20世纪60年代后的半个世纪里，我国水土流失毁掉耕地267万余公顷，平均每年6.7万公顷，土壤流失总量50多亿吨，减少粮食2000多万千克，造成经济损失100亿元以上。[②]土壤流失的同时，土壤中的氮、磷、钾、有机质等养分也随之流失，造成土地日益贫瘠，肥力不断减退，土壤持水能力降低，进而加剧干旱的发展。在没有对水土流失进行综合治理的历史时期，人们在"跑水、跑土、跑肥"的"三跑"地上耕作，结果土地越垦越贫瘠。人们只能不断地去开辟新地，从平原到川台，从河谷到沟谷，再到沟壑，从缓坡到斜坡，再到陡坡，从丘麓到丘腰，再到丘顶，直到人力所及之处几乎全部被开发成耕地。在这一不断垦殖的过程中，林草植被遭到破坏，水土流失不断加剧，形成越垦越穷、越穷越垦的恶性循环局面。

水土流失导致黄河干流泥沙含量增加，是黄河下游水患灾害的根本原因。黄土高原流失的水土是黄河泥沙的主要来源，多年来年平均入黄泥沙量达14亿吨。据龙门、华县、河津、湫头四站水文资料分析，入黄泥沙年平均输沙量在1919—1948年为15.62亿吨，而1949—1978年增加至16.41亿吨，增加了7900万吨；年平均含沙量在1919—1948年为每立方米37.26千克，1949—1978年为每立方米38.60千克，平均每立方米的含沙量增加了1.34千克。[③]不断增加的泥沙含量使黄河由河、大河逐渐变成黄河；泥沙不断淤积

① 高云飞、王丽云、王惠泽等：《新时期黄土高原旱作梯田建设思路》，《中国水土保持》，2020年第9期。

② 水利部、中国科学院、中国工程院编：《中国水土流失防治与生态安全·西北黄土高原区卷》，北京：科学出版社，2010年版，第40页。

③ 黄土高原综合治理方案组：《黄土高原综合治理分区》，《中国科学院西北水土保持研究所集刊（黄土高原治理专集）》，1985年6月第1集。

使河床不断抬高，成为地上悬河。多年来，黄河水患灾害不断，到元、明、清及民国时期，已达一年数处或数次，给人们的生命财产造成了巨大的损失。因此，治黄先治沙，黄土高原水土流失的治理成为黄河治理的根本。经过几十年的一系列持续综合治理，黄土高原的水土流失面积大大缩减，植被覆盖度指数不断增加，相应地，入黄泥沙量也呈现显著减少趋势。以黄河干流潼关水文站为例，该站的年平均输沙量由 1919—1959 年的 16 亿吨，减少到 2001—2018 年的 2.44 亿吨。[①]

水土流失使自然环境逐渐恶化，生态系统逐渐失衡。在水力的侵蚀作用下，黄土高原的沟壑不断增多，塬面变得支离破碎。黄土高原原本不是千沟万壑的地形地貌，而是有着很多高亢而平整的塬，而且有些塬的面积相当大。然而，随着森林和草地面积的不断缩小，水土流失加剧，沟壑逐渐增多。沟壑的加深和加宽进一步加剧了水土流失，塬面因而变得支离破碎。如此往复，恶性循环。另外，随着沟壑的增多，侵蚀的加剧，黄土高原上原有的湖泊，如焦获泽、杨纡泽等，逐渐被泥沙淤塞了。[②]

综上所述，林草植被的破坏以及水土流失的加剧，使原本山青水绿、千里沃壤的黄土高原，逐渐演变成了童山濯濯、河水浑浊、支离破碎、沟壑纵横的苦瘠之地。恢复林草植被，治理水土流失，使生态系统逐渐趋于平衡，一直是黄土高原地区生存和发展的头等大事。

[①] 胡春宏、张晓明、赵阳：《黄河泥沙百年演变特征与近期波动变化成因解析》，《水科学进展》，2020 年第 5 期。

[②] 史念海、曹尔琴、朱士光：《黄土高原森林与草原的变迁》，西安：陕西人民出版社，1985 年版，第 200—201 页。

第二节　甘谷县概况

一、地理区位

甘谷古称"冀"，为全国县治肇始之地，位于甘肃省东南部，天水市西北部，地处渭河上游，东经104°58′至105°31′，北纬34°31′至35°03′。东临天水市秦安县、麦积区，南接天水市秦州区、陇南市礼县，西与天水市武山县接壤，北与定西市通渭县相连。全县南北长60千米，东西宽49千米，总面积1572.6平方千米。现辖13镇2乡10个社区405个行政村，总人口63.9657万人，其中农业人口55.61万人。[①]

甘谷县属于黄土高原地区，总体地貌南高北低，平均海拔1972米，最低海拔1228米，最高海拔2716米，相对高差1488米。渭河自西向东横穿全境。渭河两岸为河谷区，地势平坦，土层深厚，灌溉条件良好，适宜粮食和经济作物生长，有"金腰带"之称。渭南为秦岭山脉西延，属阴湿山梁区，前山地带黄土覆盖，宜种植粮食和果蔬；后山为深度切割石质区，有10余万亩天然次生林和广阔的草地，为发展畜牧业提供了优质的天然资源。渭北为六盘山余脉，属黄土墚峁沟壑区，土层深厚，沟壑纵横，气候干燥，宜种植粮食、油料、药材等。[②]

甘谷历史悠久，为古丝绸之路南路分支和唐蕃古道必经之所。早在新石器时代，境内就有先民繁衍生息。《史记·秦本纪》载，秦武公十年（公元前688年）伐邽戎，置冀县，为中华县志肇始之地，有"华夏第一县"之称。先后为汉阳郡、凉州、天水郡、秦州、伏羌县治所在地，迄今已有两千多年的历史。东汉时期，甘

---

① 数据来源《甘谷概况》，载甘谷县人民政府网站（www.gangu.gov.cn/gggk.htm）。

② 甘肃省甘谷县县志编纂委员会编：《甘谷县志》，北京：中国社会出版社，1999年版，第1页。

谷是陇右政治、经济、文化重镇，为商旅东西来往的必经之地。隋唐时期，甘谷成为东西通衢，丝绸之路、唐蕃古道横穿而过，其中唐蕃古道被誉为沟通汉藏两族人民友好联系的"黄金桥"。①

甘谷之名，见于志乘已逾千年。甘者，甜美之意；谷者，河谷也。据分析，甘谷之谷，宋时指散渡河谷，民国至今则指渭河河谷。散渡河谷，在今甘谷县大庄乡杨家城子一带。宋时，散渡河水量充沛，河谷两岸植被良好，土地平旷，宜于农耕，谷物甘甜如饴，宋神宗赐名"甘谷堡"，因而得名。唐宋元明清至民国，甘谷皆名伏羌。民国十八年（1929年），国民党内政部改伏羌县为甘谷县。此时，由于近千年的气候变化以及乱砍滥伐，散渡河流域的植被遭到严重破坏，干旱频仍，土瘦民瘠，昔日甘甜之谷的辉煌已经不再。相比之下，作为甘谷主河和黄河一级支流的渭河，两岸土地平旷，阡陌井然，灌溉农业十分发达，其物产丰饶和面积之大，远在昔日散渡河谷之上，成为名副其实的甘甜之谷。②

二、水文与气候

甘谷县地处大陆腹地，是我国地形和气候的过渡带，冷暖两种气团常在此区交汇，为温暖带半干旱气候区。甘谷县热量条件较好，1956—2021年年平均气温10.6 ℃③，河谷地区和南北山地因地势高低差别，气温略有差异，最热为7月，最冷为1月。2021年全年日照1945.4小时，无霜期223天左右④。

甘谷县降水量年际变化大，时空分布不均。1956—2021年年平均降水量为454.09毫米，年降水量最多为642.7毫米（1961年），年降水量最少为297.1毫米（1969年），相差345.6毫米。⑤年降水量各地区分布不均衡，南多北少，南后山古坡乡、店子林场降水量相

---

① 牛勃、马树平：《甘谷史话》，兰州：甘肃文化出版社，2008年版，第9—10页。

② 牛勃、马树平：《甘谷史话》，兰州：甘肃文化出版社，2008年版，第14页。

③ 1956—2021年每年的平均气温数据来源于甘肃省气象局。

④ 甘谷县地方志编撰中心编：《甘谷年鉴·2022》，兰州：甘肃民族出版社，2022年版，第62页。

⑤ 1956—2021年每年的降水量数据来源于甘肃省气象局。

对较多，北山地带的礼辛、大石、安远三乡年降水量为全县年降水量最少的地区，其他地区大部分年降水量都在400—500毫米。受季风影响，降水量年内也分布不均，7月、8月、9月的降水量占全年降水量的56%，而且降雨强度大、多暴雨，因此容易发生洪涝灾害。而前半年的3月、4月、5月、6月，是农作物生长最需要水的季节，降水量却仅占全年降水量的31%，因而容易发生干旱，造成农作物大面积减产。①

甘谷县地处大地质构造的过渡地段，水资源总体贫乏。地表水主要集中在渭河、散渡河、西小河和古坡河等4条河流，主河道总长131.1千米，县内集水面积1572.6平方千米，多年平均径流量8660.40万立方米。其中，散渡河河水含盐量高、水质差，不宜灌溉。由于降水季节分布不均，各河流月径流量也相差悬殊，7—9月份水量约占全年径流量的48.6%，而农作物主要生长期4—6月份水量仅占19.9%。地下水主要集中在河谷川地，由渭河冲击而成的两岸狭长地带，由河水、雨水补给。全县地下水储量为4790.89万立方米，最大开储量3355.31万立方米。②除了散渡河下游的某些地方水质较差，为苦卤水之外，其他地方的地下水质基本良好。北山黄土墚地带，下部有新老第三条红层底板，由上部黄土和亚砂土下渗的地下水露于沟谷地带，形成山泉群。这类泉水水量小、水质好，为人畜的重要饮用水。

全县用水供需不平衡，缺口大。1999年出版的《甘谷县志》中的相关数据显示，全县地表水和地下水共计87658.31万立方米，可开采利用水量53075万立方米。农业用水需56197万立方米，工业用水需378万立方米，群众生活用水需253万立方米，牲畜用水需98万立方米，共计需水56926万立方米，供需平衡尚缺水3850

---

① 甘谷县水利局水利志编纂办公室编：《甘谷县水利志（1986—2007年）》，内刊，第6页。

② 甘谷县地方志编撰中心主编：《甘谷年鉴·2019》，兰州：甘肃文化出版社，2019年版，第49页。

万立方米。①全县人均水资源占有量为 787 立方米，仅占全国人均水资源占有量 2200 立方米的 35.8%，占全省平均水资源占有量 1150 立方米的 68.4%，其中，人均自产水占有量仅为 141.6 立方米。按照国际标准，人均水资源占有量低于 2000 立方米为中度缺水，人均水资源占有量低于 1000 立方米为重度缺水，甘谷县属于重度缺水地区。②随着经济社会的不断发展，用水量会逐年增加，供需矛盾将日益加剧。

旱灾是广大西北地区发生最为频繁也最为严重的一种自然灾害。相关统计数据表明，从两汉至民国，尤其是隋唐至民国时期，西北地区旱灾的发生频次逐渐增高。由表 2-2 可见：两汉时期，陕西甘宁青地区平均 5.18 年发生一次旱灾；魏晋南北朝时期，平均 4.62 年发生一次旱灾；隋朝以后，旱灾频次则逐渐增加。具体到甘肃、宁夏、青海地区，在隋唐、宋辽金元时期，平均 3 年多会遇到一次旱灾；到明朝时期，大约 1.80 年会发生一次旱灾；而到了清、民国时期，旱灾的发生频次则几乎是一年半一次。由此可见，旱灾在西北地区日益频繁、日益严重。1949 年以后，虽然西北人民为防治旱灾进行了不懈努力，但旱灾依然频繁发生。

表 2-2　两汉至民国时期陕西、甘宁青地区旱灾次数分布及发生频次③

时期	两汉		魏晋南北朝		隋唐、五代		宋辽金元		明		清、民国	
项目	次数/次	频次/(年·次⁻¹)	次数/次	频次/(年·次⁻¹)	次数/次	频次/(年·次⁻¹)	次数/次	频次/(年·次⁻¹)	次数/次	频次/(年·次⁻¹)	次数/次	频次/(年·次⁻¹)
陕西	82	5.18	78	4.62	151	2.52	150	2.73	162	1.71	189	1.62
甘宁青					117	3.25	127	3.23	154	1.80	203	1.51

---

① 甘肃省甘谷县县志编纂委员会编：《甘谷县志》，北京：中国社会出版社，1999 年版，第 80 页。

② 甘谷县水利局水利志编纂办公室编：《甘谷县水利志（1986—2007 年）》，内刊，第 14 页。

③ 数据来源于袁林：《西北灾荒史》，兰州：甘肃人民出版社，1994 年版，第 72 页。

从旱灾分布情况来看，旱灾多而重的地区为陕北、陇中[①]、宁夏南部；旱灾较多的地区为关中、陇东；旱灾较少的地区为河西和宁夏北部灌溉农业区。[②]重灾和旱灾较多的分布区，基本位于黄土高原水土流失区和雨养农业区。雨养农业主要依靠天降雨水，如果降雨稀少或季节错位，就很容易形成旱灾。相比之下，同样是西北降水量较少的河西和宁夏北部，前者依赖发源于祁连山的内陆河灌溉，后者依靠黄河水灌溉，则较少受到雨水的影响，旱灾相对较少。而旱灾最为严重的黄土高原水土流失区，也刚好是生态环境受人为破坏最为严重的地区。由此可见，干旱气候条件的形成与人类活动特别是农业活动有着密切的关系，当农业由河谷向山腰、山顶不断推进的时候，森林、草原和湖泊就会慢慢减少直至消失，降水也会随之越来越少、越来越集中，最终导致干旱灾害。[③]

甘谷县属于广义上的陇中，其旱灾发生频次多，持续时间长，是农业生产受害面积大、范围广、危害重的主要地区之一。干旱分为春旱和伏旱，4月、5月小麦拔节孕穗期发生干旱为春旱，而大秋作物的播种出苗期发生干旱为伏旱。相比春旱，伏旱较为严重。甘谷县除南后山地区和川区少数地区外，均受旱灾威胁，以北山地区最为严重，本书的案例村谢村正是位于北山区。《甘谷县志》记载的数据显示，1950—1989年，甘谷县共发生旱灾12次，其中春旱7次，夏、伏旱5次。在发生严重春旱的1959年、1960年、1962年、1978年、1979年、1986年，4月上旬至5月上旬的降水量为8.6—29.6毫米，干旱持续时间均在31天以上，其中以1979

---

① "陇中"一词，最早出现在清末左宗棠1876年给光绪皇帝的奏章中，有所谓"陇中苦瘠甲于天下"之称。后来，陇中作为一个地域文化、地域经济的概念，被广泛使用。广义的陇中除了涵盖定西六县一区之外，还包括周边的会宁、静宁、甘谷、武山、秦安等县域。

② 袁林：《西北灾荒史》，兰州：甘肃人民出版社，1994年版，第38页。

③ 吴晓军、董汉河：《西北生态启示录》，兰州：甘肃人民出版社，2001年版，第114页。

年最为严重，降水量为8.6毫米，持续干旱77天。[①]

灾难对人们的生产生活造成了深远的影响。干旱之年，粮食减产，人们的温饱往往得不到保障。如果遇到持续多年的大旱，很多人甚至不得不颠沛流离，靠乞讨度日。在西北这片广袤的土地上，人们关于旱灾和饥馑最深刻的记忆，莫过于1928—1930年的大旱灾。这是一场在中国及世界历史上都极为罕见的、主要由自然灾害（以旱灾为主）引起的灾难。旱灾以陕西为中心，波及甘肃、山西、绥远（今内蒙古自治区）、河北、察哈尔（今分属山西、北京、河北、内蒙古自治区）、热河（今分属河北、内蒙古自治区、辽宁）、河南等省。灾难主要是因持续的干旱而引发的大饥荒，从1928年持续到1930年，龟裂的土地一望无际，残破的村镇毫无生机，逃荒的人流无以数计，约1000万饿殍倒毙于荒原。[②]这场大灾难在人们心中留下了难以磨灭的印记。从相关的记录和研究中，我们可以看到当时甘肃省及甘谷地区的灾情，见表2-3。

表2-3　1928—1929年甘肃省及甘谷地区灾情[③]

灾年	灾区	灾况
1928年	甘肃、宁夏、海东	甘肃全省灾民两百四十四万人
	甘谷	四至八月未落甘雨，夏禾不能成穗，秋田未得见苗，赤地一片，颗粒无收。 亢旱太甚，加以匪患，灾民三万人，食谷糠、油渣，坐以待毙，妇女尤为可怜

---

① 甘肃省甘谷县县志编纂委员会编：《甘谷县志》，北京：中国社会出版社，1999年版，第92页。

② 李文海、程歊、刘仰东等：《中国近代十大灾荒》，上海：上海人民出版社，1994年版，第169页。

③ 资料来源于袁林：《西北灾荒史》，兰州：甘肃人民出版社，1994年版，第575—576、581、1717—1728页。

续表

灾年	灾区	灾况
1929年	甘肃、固原地区	甘肃全省去年（1929年）被灾者总计五十七县，灾民约四百五十七万人，死亡两百万人，人口大减，具有全家灭绝者。 1928年大饥，至1929年夏，树皮皆空，计五十余县，每县死亡多至万人，积尸梗道，臭不可近
	甘谷	连年荒旱，加以水、疫、匪患，灾民占全县人口百分之九十二，剥食树皮、油渣，妇女尤为可怜

三、植被变化

甘谷在远古时代曾是森林茂密之地，各种动物遍布山野。新石器时代，原始森林的砍伐已经开始。西周时期的黄土高原地区，森林植被覆盖良好，渭水清澈而充沛。春秋时期，森林遍布于渭河南北山区。秦汉时期，大山乔木连跨数郡，万里鳞集，茂林阴翳，民以板为屋而居。[1]隋大业五年（609年）炀帝西巡至天水，大猎于陇西，甘谷仍是森林茂密、禽兽遍野之地。唐朝中期在此设陇右郡牧监，可见此地还是茂林庇护、水草丰富的环境：开元十三年（725年）在此一带养马45万匹，牛5万头，羊28.6万只。[2]

甘谷的森林从唐开始破坏严重，至北宋时尚有原始森林存在。宋建隆二年（961年）六月，吐蕃部尚波干率部众千余人，涉渭水抢夺木筏，杀伤采造人员多人。建隆三年（公元962年）六月，尚书左丞高仿知秦州，置采造务，辟地百里，采大木材以供京城。北宋时，每年运往京师开封的大木料就有上万根，可见开采数量之大。[3]明代在渭河沿岸开渠灌溉，广植杨柳，出现了"岸柳垂

---

① 甘肃省甘谷县县志编纂委员会编：《甘谷县志》，北京：中国社会出版社，1999年版，第159页。

② 甘谷县水利局水利志编纂办公室编：《甘谷县水利志（1986—2007年）》，内刊，第82页。

③ 鲜肖威：《历史上甘肃的森林和草原》，《经济地理》，1984年第9期。

金"的景致。民国时期，尚有古柏、古槐、古榆30多棵，分布于寺庙、县衙、街旁，蔚为壮观。但由于历代统治者对林业很少过问，天然林遭到任意采伐，再加上自然灾害频繁，至1949年，南后山已是残林遍地，南前山和北山则缺林少树，丰富的森林资源惨遭毁坏。①

由上可见，甘谷县的森林植被从唐朝中后期开始遭到较为严重的破坏，而在此之前，这里尚有大片的原始森林。历史时期甘谷地区的森林遭到破坏的原因主要包括：一是乱砍滥伐，二是过度放牧，三是人口不断增加，四是农耕对游牧的替代，五是只砍树不植树，六是自然灾害频繁。在以上因素的共同作用下，该地区的森林植被到1949年已经遭到了严重的破坏，植被稀少使该地区的水土流失不断加剧。

1949年以后，甘谷县将林业生产摆到了农村建设的重要位置，组织动员全县人民植树造林护林，使森林植被面积大大增加。1951—1952年，将寺庙和地主占有的天然林收归国有。1956年，实行了村旁、宅旁、路旁、渠旁零星树木由农民个人经营的政策，并对农民经营的山林实行折价评股入社，按股分红。1957年，全县森林面积由1949年之前的4万亩发展到17.6万亩，增长了3.4倍。1958年后，天然林遭到乱砍滥伐。1962年，根据《中共中央关于确定林权、保护山林和发展林业的若干政策规定》，对山权、林权、树权普遍进行了清理定权，国家退赔了平调集体和个人的树木，坚持"谁种谁有"的原则，使林业生产又开始恢复和发展。同时，兴办了一批集体林场，营造了许多新林。1978年，党的十一届三中全会之后，推行林业承包责任制，实行"谁造谁有""收益归己""允许继承""允许转让"的政策，确定了山权、林权、树权，把造林、育林、护林和群众的切身利益紧密结合起来。之后，又在国家的"三北"防护林建设工程和退耕还林还草工程等政策背景下，大力开展生态林和经济林的建设。

---

① 甘肃省甘谷县县志编纂委员会编：《甘谷县志》，北京：中国社会出版社，1999年版，第159页。

总体来看，1949年之后，甘谷县在党和国家的号召下，在造林护林方面做出了一系列的努力，并取得了明显的成效，使该地区的森林覆盖率大大提高。具体来看，甘谷县以渭河为界，分为南山区和北山区，由于地形地貌和土质特征的差异，甘谷县的林草区主要集中在南山区，北山区则以农耕农业为主。本书的案例村谢村，则属于典型的北山黄土丘陵沟壑农业区，由于发展农业，森林植被遭到严重破坏。在人民公社时期，谢村曾积极响应党和政府的号召，利用沟坡地植树造林，并一度绿树成荫。20世纪八九十年代，将成荫的树林砍伐殆尽。

四、农业发展

甘谷县是西北黄土高原农业发展较早的地区。疏松肥沃的黄土和平坦湿润的河谷为早期农业的发展奠定了良好的基础。早在公元前5800年左右，随着陕西农耕人口不断向西北扩展，甘肃的天水、庆阳、平凉等地区，就出现了原始的农业人口。他们在渭河、泾河流域的河谷、平川地带，砍伐森林、火烧草原，从事原始的农业生产。[1]在地势稍高的南北山地，则逐渐发展出以游牧为主的部落人群。比如渭南的朱圉山一带，曾经森林荫翳，牧草丰茂，为秦先祖大骆牧马之地，可见其畜牧业之发达。在北魏之前的较长一段时间里，甘谷地区仍然是农牧并存的局面。唐宋之后，随着农耕文明的不断扩展，畜牧范围逐渐缩小，农耕最终成为甘谷主要的生产生活方式。

甘谷县县域总面积1582.24平方千米，2021年末耕地面积93.56万亩[2]，其中山坡地占比较大。山坡地沟壑纵横，植被稀少，山高坡大，坡度在15度以上的约占一半。除南部高寒阴湿地区外，全

---

① 方荣、张蕊兰：《甘肃人口史》，兰州：甘肃人民出版社，2003年版，第12—13页。

② 甘谷县地方志编撰中心编：《甘谷年鉴·2022》，兰州：甘肃民族出版社，2022年版，第62页。

县 70% 以上的耕地为旱地。[①]1949 年以后，甘谷县人口不断增长，截至 2013 年 4 月，甘谷县总人口约 64.0 万人，其中农村人口约 55.6 万人，是甘肃省的人口大县、农业大县。2005—2017 年，农业产业总产值和增加值都是上升的，农业总产值由 7.85 亿元增加到 31.15 亿元，农业增加值由 4.72 亿元增加到 18.37 亿元[②]，农业在甘谷县域经济中具有基础性的地位。

依据不同的地形地貌、光热及水资源等条件，全县农业可分为 6 个区，见表 2-4。其中，渭河和散渡河河谷地区光热条件较好，是主要的粮食产区。渭南、渭北前山区除了粮食作物之外，林果业比较发达。渭南、渭北后山区，尤其是渭南后山区，是主要的林区，畜牧业比较发达。

表2-4　甘谷县农业区划及特征

区划	特征
渭河河谷粮菜区	光、热、水资源丰富，土地平坦，灌溉条件优越，耕作细致，单位面积产量高，复种指数大，是全县粮菜主要产区
散渡河川台粮食作物产区	光、热资源丰富，适宜粮食作物生长，地势平缓，机械耕作条件良好，有一定的水利资源，适种性广，生产潜力大，复种指数仅次于渭河河谷粮菜区，历史上为甘谷产粮区
渭北前山粮、林、果、药区[③]	光、热资源比较丰富，土地面积广，有发展粮、林、果、药的有利条件
渭南前山粮、林、果区	光照充足，年降水量高于北山，以苹果为主的果树生产有一定基础，面积大，收入多，是苹果主要产区

① 甘谷县水利局水利志编纂办公室编：《甘谷县水利志（1986—2007 年）》，内刊，第 5 页。
② 陈润羊、高云虹：《县域乡村振兴的路径研究：以甘肃省甘谷县为例》，《兰州财经大学学报》，2019 年第 5 期。
③ 此区域为谢村所在的区域。

续表

区划	特征
渭北后山林、粮、畜、油产区	土地占有量大，人口密度小，造林养畜有一定潜力
渭南后山林、牧、粮区	林草面积大，植被较好，雨量多，水资源较丰富，但日照少，气温低，无霜期短，对农作物生长不利，冻、涝、旱灾频繁，土壤有机质含量高，但分解慢，利用差，粮种单一，粮食产量低，矿藏种类较多，但开发利用少，是发展林木业的重要地区

　　自然条件的制约加上人多地少的现实，使甘谷县的农业长期处于自给、半自给的状态。在自然条件方面，山多川少，农业生产基础脆弱，加上自然灾害频繁，特别是干旱频繁，长期制约着农业的发展，使得丰收无保障，粮食产量低。中华人民共和国成立初期，甘谷县粮食亩产为50千克，20世纪70年代之后，粮食亩产逐渐达到100千克以上，20世纪90年代，受干旱的影响，粮食亩产极不稳定，最少的年份（1998年）只有56千克，2008年之后，粮食亩产突破200千克。①从人地关系来看，中华人民共和国成立以后，随着人们生活水平的逐渐提高和医疗条件的不断改善，人口增长速度较快，全县人均耕地从中华人民共和国成立之初的4.54亩减少到1989年的1.98亩。②加上人口分布严重不均，川区人口密度最大，其次是北山区，最后是南山区，人口密度较大的地区刚好是农业发展条件较好的地区，这就使得人口和耕地的矛盾越发突出。

　　中华人民共和国成立之后，甘谷县的农业结构经历了一个逐步调整的过程。人民公社时期，受自给、半自给传统农业和"以粮为纲"指导思想的影响，农业只强调粮食种植，多种经营发展缓慢，粮食也难以增产。党的十一届三中全会以后，在农林牧副渔全面发展的指导思想下，农业结构有所调整。农作物播种面积

① 数据来源于甘谷县历年的统计年鉴。
② 甘肃省甘谷县县志编纂委员会编：《甘谷县志》，北京：中国社会出版社，1999年版，第125页。

中粮食作物比例下降，油料、经济作物比例上升，但升降幅度不大，总体上坚持了保证粮食生产的原则。20世纪90年代中后期以来，甘谷县在国家退耕还林、鼓励林果业发展的政策号召下，进一步调整农业产业结构，大力发展花椒、苹果等特色农业产业。2021年，全县种植苹果36万亩，产量61.07万吨，产值达16.03亿元。甘谷县被中国苹果产业协会认定为"2021年度中国苹果产业五十强县"，甘谷县磐安镇和白家湾乡被认定为"中国苹果产业百强镇"。2021年，全县花椒种植户近10万户，产值达11亿元。2009年，甘谷县花椒荣获中国名优果蔬产品展评会金奖，2011年甘谷县花椒荣获中国（义乌）国际林产品展览交易会金奖，2019年"甘谷花椒"成功注册国家地理标志证明商标。2021年，全县花椒注册商标22个，绿色认证5个。[①]近几年，由于市场行情较好，一亩旺果期的花椒树年净收益能达一万多元，种植花椒已成为当地农民发家致富的重要途径，甘谷县也因此获得了"花椒之乡"的美誉。

第三节　谢村概况

一、人口与经济

谢村位于甘谷县东北部的新秀镇，为渭北前山区。截至2016年，新秀镇总面积118.8平方千米，耕地面积9.7万亩，人均耕地面积2.2亩，共辖30个行政村，193个村民小组。[②]新秀镇距县城14千米，全镇最高点新秀山，海拔1900多米，地势中部高，四周低，平均海拔1700米，气候干燥，温差较大。新秀镇原名马蹄湾，

---

① 甘谷县地方志编撰中心编：《甘谷年鉴·2022》，兰州：甘肃民族出版社，2022年版，第161、65页。

② 中华人民共和国民政部编：《中华人民共和国政区大典·甘肃省卷》，北京：中国社会出版社，2016年版，第488—490页。

乾隆时即设为马蹄湾镇。1951 年 3 月，设新秀区，共辖 11 个乡；1957 年 6 月，撤新秀区，为新秀直属乡；1958 年 4 月，改为新秀乡，1958 年 9 月，置新秀人民公社；1984 年改为新秀乡。[1]2015 年 5 月，撤乡设镇。

新秀镇的优势产业为以劳务输出为主的建筑业。目前新秀镇的建筑企业在省、市、县登记注册的有 62 家，企业总数超过了 126 家；年输出劳务 15000 人次，每年可完成总产值 8000 万元。

谢村是新秀镇东南的一个自然村，距离新秀镇大约五千米。中华人民共和国成立之初，谢村有 40 多户约 200 人。1980 年，土地承包到户的时候，谢村居民增加到 100 多户，近 600 人，人均分到耕地约 2 亩。目前，谢村有 200 多户，近 900 人[2]。和全国其他地区的农村一样，谢村的青壮年劳动力大多外出务工，只剩下妇女、儿童、老人约 300 人长期留守于村内。

谢村是一个典型的农业社区，劳动力大量外流之前，农业是村民的主要经济来源。谢村种植的粮食作物主要有小麦、玉米和土豆，油料作物为油菜。受当地自然条件的限制，粮食和油料作物都是一年一熟。经济作物有党参、苹果和花椒。近几年来，由于花椒市场行情较好，村里的花椒种植面积不断扩大，已发展成主要的经济作物之一。

二、土地资源状况

（一）川地和坡地

谢村位于典型的黄土丘陵区，土地高低起伏，沟壑纵横。谢村村庄总体为西北—东南走向，地势西北高东南低。村庄西北背靠青龙山，村民在青龙山山脚的缓坡处聚居。村庄东面正对着一条主沟，主沟从新秀镇山顶南向而下，一直到渭河河谷，沟里的

---

① 甘肃省甘谷县县志编纂委员会编：《甘谷县志》，北京：中国社会出版社，1999 年版，第 63 页。

② 数据由谢村村委会提供。

流水是直接汇入渭河的一级支流。

谢村的耕地，主要由川地和坡地组成。谢村人称自己的村庄为川子村，因为与山区的其他村庄相比，谢村有几块相对平坦、易于耕种的川地。谢村的川地共有五块，从西北向东南，依地势的高低分别为上川子、方地儿、中川道、下川子和马沟坪。在谢村小学的办公室里，文老师一边讲述着村子的地形地貌，一边用铅笔在本子上画出了村庄的地形草图。

> 上川子在村庄的西北边，靠新秀镇那个方向，以前叫椿树坪，当时只有很少的几户人家，现在村庄延伸到那边了。往下就是我们现在看到的住户比较集中的村庄主体，其东南面正对着的那块平地，我们叫方地儿。方地儿以前是没有住户的，种着庄稼，后来人们慢慢在那里建起了房子。现在新农村建设的这块地我们叫中川道，以前是村子里收成最好的一块地。再往南就是下川子了。再下面还有一块平地，我们叫马沟坪，马沟坪相对其他平地来说是比较差的地了。

> ——摘自2016年5月13日对文老师的访谈

除了上述几块较为平坦的川地之外，谢村的土地大部分都是山坡地。山坡地以村庄西北背靠的青龙山为主。据文老师介绍，青龙山主要由几个"湾儿"组成。当地人把平地叫川，把沿着山势往上形成的一个个像靠背椅形状的坡地叫湾。从北向南，青龙山主要由椿树坪湾、王家湾、陡湾儿、湾儿、湾儿坟、下湾儿、大湾等几个湾儿组成。

川地和青龙山几个湾儿组成的坡地构成了谢村大约五分之四的土地，剩下的约五分之一的坡地在主沟对面的山坡上。从大坝过去北向而上的山属于景家沟村，那座山上从上到下有7级梯田、大约几十亩地是谢村的。沿大坝过去南向而上，是谢村的山地。沿村庄正对面的沟过去的山坡，也有一部分是谢村的土地。

谢村人根据土地的平缓程度、肥沃程度以及距离村庄的远近等，将全村的川地和坡地划分成不同等级。其中，川道地是全村最好的土地，其地势平坦、肥沃，粮食产量高，距离村庄又近，易于耕作，所以被划为一类地。可惜的是，全村最好的这类地，现在有近30亩成了新农村建设用地。笔者2016年上半年在村里调查的时候，新农村建设已初具规模。到2016年底，这块土地上已矗立起58栋新式的连体双层小洋楼和一些公共活动设施等。下湾儿、上川子、青龙山顶正对着的紧靠村庄的土地等，属于二类地。青龙山山顶往下离村庄稍远的地是三类地。马沟坪就属于三类地，因为这块地虽然平坦，但是离村庄较远，而且不避风，容易干旱。最后是主沟对面的那些地，属于四、五、六、七类地，因为这些地不仅坡度很陡，而且黄土层很薄，收成较差，加上距离村庄又远，耕种和收获都得上山下山，很不方便。

（二）沟与坝

沟壑纵横是黄土丘陵区地形地貌的最大特点。沟壑主要是黄土在雨水的侵蚀作用下逐渐形成的，既是水土流失的结果，又是加剧水土流失的原因。甘谷县共有大小沟壑5971条，总长4000千米，平均沟壑密度2.54千米每平方千米，其中渭北沟壑密度为2.77千米每平方千米，渭河河谷区沟壑密度1.82千米每平方千米，渭南前山区沟壑密度为2.25千米每平方千米，渭南后山区沟壑密度为2.54千米每平方千米，不一一列举。[①]可见，甘谷县渭北黄土丘陵区是沟壑最为集中的地区，而谢村正是位于渭北黄土丘陵区。

沟壑形成之后，在山洪的作用下容易发生泥石流和山体滑坡。渭北山区的土壤以黄绵土为主。黄绵土土层深厚，具有结构松散、通透性好、松软绵酥等特征，其抗冲性很差，极易形成水土流失。加上该地区的雨季非常集中，且降雨强度大，不稳定的山体在夹杂着大量泥沙和固体物水流的冲击下，就容易发生山体滑坡。严

---

① 甘谷县水利局水利志编纂办公室编：《甘谷县水利志（1986—2007年）》，内刊，第86页。

重的山体滑坡会导致房屋垮塌、农田被毁、人畜被掩埋等，危及村民的生命及财产安全。集中的强降雨有时还会引起山洪暴发。从新秀镇顺沟而下的洪水泥流多次对陇海铁路造成威胁，冲毁路基桥墩或致使路基受水浸泡而发生沉降。《甘谷县水利志（1986—2007年）》记载，1969年，东刘家沟的洪水暴发，河口渭水峪村委又因滥炸石头而堵塞了沟道，产生的泥石流冲毁了500米处陇海铁路4+1114桥墩，中断行车62小时之久。[①]因此，沟道治理、大坝建设一直是甘谷县水土保持综合配套措施的一个重要方面。

从新秀镇南向而下[②]，经过谢村，直到渭河河谷的那条沟叫田家沟。田家沟是直接汇入渭河的一级支流，河长9.9千米，面积24.64平方千米。[③]在田家沟上，主要有两座大坝，一座是谢村的大坝（本书第三章将有专门的论述），另一座是东刘家沟村的天然坝。东刘家沟村位于谢村以南，属田家沟中下游。该村在1974年6月和1975年7月的暴雨时节先后发生了两次山体大滑坡，滑塌土方达300万立方米，土方几乎整体塌入了沟里，所以形成了一个高31.6米的天然坝。[④]20世纪80年代中期，天然坝已经被上游冲下来的泥沙淤成了一块几十亩的良田，被分到各家各户，种上了庄稼。

与东刘家沟村的天然坝不同，谢村的大坝是在1969年至1972年，由谢村动员全体村民一点点修建起来的。这座全村人用血汗修建起来的大坝，在此后几十年里几经坎坷和维修，到目前还有蓄水的功能。在干旱缺水的黄土高原山区，能看到这样一座大坝和水库，确实给人一种别样的感受。2016年5月，我们站在大坝上，迎面吹来的暖风似乎在向我们这些外来的寻访者诉说当年人们修建大坝时热火朝天的壮观场面和肩挑手推的辛劳付出。

①甘谷县水利局水利志编纂办公室编：《甘谷县水利志（1986—2007年）》，内刊，第106页。

②新秀镇所在地是全镇海拔最高点。

③甘谷县水利局水利志编纂办公室编：《甘谷县水利志（1986—2007年）》，内刊，第24页。

④甘谷县水利局水利志编纂办公室编：《甘谷县水利志（1986—2007年）》，内刊，第85页。

在田家沟流域，除了主沟上的两座大坝，还有很多村庄在村内的支沟里修筑的小型淤地坝。20世纪80年代以后，为了号召各村村民修建小型淤地坝，政府出台了相应的激励政策，而且坝后被淤成平地之后还可以进行耕种，因此，部分村民利用农闲时间在村内的支沟上修建了一些小型淤地坝。谢村的支沟里就有几座这种村民自家或几家联合修筑的小型淤地坝，其中有的淤地坝已被废弃，有的则在日积月累的过程中被淤成了平地，种上了庄稼。截至2007年底，全县已修筑骨干坝77座，小型淤地坝、涝池795座。[①]淤地坝建设作为水土流失治理的重要措施之一，一直持续至今。2020年，甘谷县计划在渭河、散渡河、西小河、藉河4条主要支流63条小流域规划新建淤地坝454座，其中骨干坝96座、中型坝163座、小型淤地坝195座。[②]

总体来看，从坡地到川地再到沟底，地势从高到低构成了谢村整个村庄的地貌格局（如图2-1所示）。这样的地貌格局，正是黄土丘陵区容易发生水土流失的重要原因。雨季时节，高强度的降水从山顶沿山坡而下，被开垦成耕地而失去了林草植被保护的坡地，便成了"跑水、跑土、跑肥"的"三跑地"，大量泥沙在雨水的裹挟下顺势冲进地势更低的沟里，雨水混着泥沙在沟里汇聚之后进一步沿沟而下，流入渭河，然后由渭河再汇入黄河，黄河的泥沙由此而来。严重的水土流失，不仅给当地村民的生产生活造成了严重影响，而且是黄河中下游洪水泛滥的根源。

---

① 甘谷县水利局水利志编纂办公室编：《甘谷县水利志（1986—2007年）》，内刊，第37页。

② 甘谷县地方志编撰中心编：《甘谷年鉴·2021》，兰州：甘肃民族出版社，2021年版，第147页。

图2-1　谢村地形剖面示意(笔者绘制)

除了地形陡峭、沟壑纵横、降雨集中、土壤的抗冲性差等自然因素之外，人类活动是导致黄土高原水土流失的主要原因。人类在漫长的生产生活中不断与环境发生互动，这种互动使环境逐渐发生变化，变化了的环境又反过来影响人们的生产生活，如此往复，直到今天。

第三章　集体组织下的环境改造

人民公社时期，谢村在"农业学大寨"的号召下，动员和组织全村村民完成了修梯田、筑大坝、植树造林等三大农田基本建设工程。对于黄土高原地区而言，以梯田建设为核心的农田基本建设不仅改善了农业生产条件，提高了粮食产量，而且具有显著的减缓水土流失、改善村庄环境的效果。

第一节　人民公社时期的农田基本建设

一、集体化

中华人民共和国成立以后，中国农村在经历了互助组、初级农业生产合作社（简称"初级社"）、高级农业生产合作社（简称"高级社"）和人民公社等几个阶段之后，逐渐走上了集体化的道路。集体时期在中国当代历史上整整延续了四分之一个世纪，对中国农村乃至整个中国社会都产生了重大影响。

中国农村集体化道路的选择，一方面是为了避免再次出现土地兼并、两极分化的局面。1953年春，土地改革基本完成。虽然土地改革大大改变了农村的经济社会面貌，但由于没有从根本上触动农村社会的经济生产方式，土地改革后的农村出现了一些与当时国家经济社会发展局面不相协调的情况和问题，主要表现为两极分化再次出现、粮食购销再度紧张等。这些情况和问题引起了党和国家领导人的高度重视，土地改革后中国农村的发展去向成为争论的焦点。对这一问题的认识和解决，促使中国农村逐渐走上了集体化的道路。

另一方面是为了发挥集体力量办大事的优势，快速转变农村贫穷落后的面貌。土地改革之后，农民虽然分到了土地，却普遍面临着生产资料缺乏、生产资金不足、生产方式落后、农业基础设施薄弱、抗风险能力低等一系列问题。在百废待兴、百业待建，而国家财力又十分有限的情况下，把农民组织起来，依靠集体的力量来兴修水利、改良土壤、积累资金、改进耕作方法等，是为了提高产量，实现农业农村的快速发展。

同时，中华人民共和国成立初期国家采取的优先发展重工业的非均衡战略，也要求将农业经济纳入国家的统一控制之下。[①]这一要求首先表现为国家对农产品流通环节的控制，即自1953年开始实施的粮食统购统销的计划流通体制，以确保农业剩余能流向优先发展的工业领域。除了对流通环节的控制，国家还必须进一步在农业生产环节建立有效的控制制度，"囤积过剩的农业劳动力资源，将农民稳定在土地之上，又能使之根据国家计划及时安排农业（首先是粮食）生产活动，以保证农产品供给与国家需求相符合"[②]。土地改革后国家对农业的社会主义改造就是遵循这一逻辑展开的，从合作社到人民公社，也是这一逻辑延伸的结果。

甘谷县的集体化从1951年开始。1951年6月，甘谷县成立土地改革委员会，全面展开土地改革运动。到1952年5月，全县的土地改革基本完成，并于1952年11月进行了复查。土地改革后，全县耕地58万多亩，其中，水地4.9万多亩，川旱地4.1万多亩，沙地近1.2万亩，山坡地48万多亩；人均耕地2.35亩。[③]

① 吴毅：《人民公社时期农村政治稳定形态及其效应：对影响中国现代化进程一项因素的分析》，《天津社会科学》，1997年第5期。

② 陈吉元、陈家骥、杨勋主编：《中国农村经济社会变迁（1949—1989）》，太原：山西经济出版社，1993年版，第575页。

③ 甘肃省甘谷县县志编纂委员会编：《甘谷县志》，北京：中国社会出版社，1999年版，第131页。

1952 年夏，甘谷县的部分村庄开始组建互助组。到 1952 年底，全县共办起互助组 8213 个，入组 2.87 万户，占总农户的 65%。1953 年春，全县办起了第一个初级社；1953 年冬，实行粮食统购统销政策，城市居民按标准实行粮油凭证供应。到 1955 年春，全县初级社共 900 个，入社农户 4.04 万户，占总农户的 90.4%，其中，还试建了 13 个高级社。1955 年秋至 1956 年春，全县掀起高级合作化运动高潮。1958 年 9 月，甘谷县将全县 25 个乡镇的 218 个高级社合并为人民公社，入社总人口 27.1 万人，总户数 5.2 万户。[①]1958 年底，甘谷县合并于武山县，原甘谷县辖区共划为甘谷、新兴、磐安、金山、礼辛 5 个人民公社，下设 79 个管区，222 个大队，1363 个生产队。[②]

1961 年，甘谷县实行"三级所有，队为基础"的体制，基本核算单位下放，并实行"四固定"（土地、劳力、耕畜、农具），确保社员有一定数量的自留地，允许社员经营家庭副业，开放集市贸易，并陆续解散食堂。1962 年，甘、武分县，恢复甘谷县建制。1980 年，甘谷县全县共有 2286 个生产队实行了各种形式的包产到户，占总队数的 98.97%。[③]

二、"农业学大寨"中的农田基本建设

20 世纪 60 年代，党和国家为快速发展农业生产、建设社会主义新农村，在全国掀起了一场轰轰烈烈的"农业学大寨"运动。大寨作为人民公社时期农业战线上的一面旗帜，对我国的农业生产和农村建设都产生了巨大而深远的影响。

"农业学大寨"是当时政治、经济和社会发展的必然产物。一方面，在复杂的国际国内政治斗争形势下，为了快速发展经济，

① 甘肃省甘谷县县志编纂委员会编：《甘谷县志》，北京：中国社会出版社，1999 年版，第 132 页。

② 甘肃省甘谷县县志编纂委员会编：《甘谷县志》，北京：中国社会出版社，1999 年版，第 45 页。

③ 甘肃省甘谷县县志编纂委员会编：《甘谷县志》，北京：中国社会出版社，1999 年版，第 135 页。

巩固新兴的社会主义政权，国家做出了优先发展重工业的战略选择。为确保这一战略的实施，不仅有限的投资大部分被用于工业化的建设，农业发展只能依靠自身的力量，而且还需要农业源源不断地为工业发展提供积累和原料支持，这进一步加剧了农业发展的困难。[①]另一方面，中华人民共和国成立初期，对社会主义本质特征和基本规律的认识还不够成熟，我国的农业和农村发展不断处于矛盾和徘徊状态。20世纪50年代连续几年的自然灾害，我国的农村经济遭受了严重的挫折，农民对集体的信心和对生产的积极性也受到了沉重的打击。在上述背景下，依靠集体力量，不畏艰难困苦，以发展生产、改变贫穷落后状态的大寨，逐渐引起了党和国家领导人的高度重视，进而作为自力更生、艰苦奋斗的典型，成为全国农业战线上的一面旗帜。

大寨的发展，是从治山改土开始的。大寨位于山西省昔阳县城东南的虎头山下，自然环境和生产条件原本十分恶劣。中华人民共和国成立初期，全村800多亩耕地，零散分布成4700多块，挂在虎头山一侧的七沟八梁之上。这些坡梁地大都是缺边少堰、里高外低的"三跑地"，可谓"三天无雨苗发黄，下点急雨地冲光"。由于耕地面积小，又缺水缺肥，因而粮食产量很低，人们过着穷苦的生活。中华人民共和国成立之后，大寨逐渐走上了集体化的道路，在这一过程中，大寨书记陈永贵的才智得到充分展示。从1953年开始，陈永贵就带领全村人民开始了"十年造地计划"。到1962年，他们把200亩梁地大部分围上了地埂；将400亩坡地修成了水平梯田；使原来4700多块地连成了2900多块，还新增了80多亩好地。生产条件的改善，使粮食亩产量从130多斤增长到700多斤[②]，人们逐渐过上了丰衣足食的日子。

依靠集体的力量，改善和提高农业生产条件，是大寨发展的

---

① 宋华忠：《从国史发展的主线探寻"农业学大寨"运动的根源》，《上海党史与党建》，2012年第9期。

② 宋连生：《共和国重大历史事件回顾："农业学大寨"始末》，北京：九州出版社，2011年版，第32页。

重要经验之一。农田基本建设是"农业学大寨"的重要组成部分。1965 年，全国水利工作会议号召广大农民学习大寨精神，积极投入到农田基本建设之中。1970 年，北方地区农业会议之后，中共中央正式提出要大搞农田基本建设，要求各地"通过改土和新修水利，做到每个农业人口有一亩旱涝保收、高产稳产田。丘陵山区，要搞梯田"①。之后，全国各地掀起了以改土治水为中心，山水田林综合治理的农田基本建设新高潮。每年农闲时节，农民群众被组织到农田水利建设工地上，改土造田，治理山河，修建水库，开垦沟渠等。到 1977 年，全国农田灌溉面积比 1965 年增长了 41%。尤其引人注目的是，河南省的林县通过"农业学大寨"，硬是在险峻的山间开凿出一条人工天河——红旗渠，从而改变了农田缺水的状态，创造了高产稳产田。②

从农业发展的角度来看，农田基本建设使我国农田的灌溉和防洪抗旱能力得以增强，从而为农业的高产稳产提供了保障。1976 年，我国的成灾面积占受灾面积的比例由 1965 年的 53.9% 下降到 26.9%，其中，水灾面积由 50.3% 下降到 31.1%，旱灾面积由 59.5% 下降到 28.6%。在水旱灾害占比不断下降的同时，全国粮食单位面积产量由 1957 年的每亩 98 公斤增加到 1978 年的每亩 169 公斤，粮食总产量从 1966 年的 21400 万吨增加到 1976 年的 28631 万吨。③

从环境的角度来看，在易于发生水土流失的山区和丘陵地区，以改土造田为核心的山水田林综合治理措施同时也是环境治理的重要措施。中华人民共和国成立以后，黄土高原的水土流失问题受到党和国家的高度重视，在科学考察的基础上，确定了以梯田建设为龙头，淤地坝建设、林草配套为重点，将工程措施、生物

---

① 中华人民共和国国家农业委员会办公厅编：《农业集体化重要文件汇编（1958—1981）》（下册），北京：中共中央党校出版社，1981 年版，第 893 页。

② 王瑞芳：《成就与教训：学大寨运动中的农田水利建设高潮》，《中共党史研究》，2011 年第 8 期。

③ 国家统计局编：《新中国五十年》，北京：中国统计出版社，1999 年版，第 544—547 页。

措施、农耕措施相结合的全方位水土保持防治体系。可见，黄土高原的环境治理措施与农田基本建设在很多方面具有高度的一致性。1964年，甘谷县被确定为黄河中游水土流失治理的重点县，此后全县各社队开始组织农田基本建设专业队，治山治水，改土造田。[①]

第二节　修造梯田

一、坡耕地的水土流失

黄土丘陵沟壑区坡耕地的水土流失最为严重，而且坡度越大，水土流失越严重。在占黄土高原近80%面积的丘陵沟壑区，大于15度的坡耕地面积占土地总面积的40%以上。在陕北、晋西和陇东等地形破碎度大的黄土丘陵沟壑区，大于15度的坡耕地面积占土地总面积的60%以上，其中大于25度的坡耕地占32%—36%。[②]将坡地开垦成耕地，是导致黄土高原水土流失日益严重的重要原因之一，因此，坡耕地的改造是黄土高原环境治理过程中的关键一环，即"治黄先治沙，治沙先治坡"，而修造水平梯田（"坡改梯"）则是坡耕地改造的重要途径。

在甘谷县，坡耕地面积约占全部耕地面积的90%。随着农业的不断发展，甘谷县的水土流失十分严重。从相关数据可见，甘谷县曾面临严峻的水土流失问题：全县总面积1572平方千米，水土流失面积1415.25平方千米，约占土地总面积的90%。全县总水土流失量年均982.9万吨，含腐殖质24.57万吨、含氮1.18万吨、含磷3.2万吨、含钾24.5万吨，相当于每亩流失表土厚4.16毫米，其中

---

① 甘肃省甘谷县县志编纂委员会编：《甘谷县志》，北京：中国社会出版社，1999年版，第176页。

② 李玉山：《黄土高原治理开发之基本经验》，《土壤侵蚀与水土保持学报》，1999年第2期。

流失最严重的散渡河流域每年侵蚀模数 9616 吨每平方千米，年流失量多达 4955 万吨。[1]如前所述，甘谷县位于渭河上游，渭河自西向东穿城而过。因此，县域内南北山坡每年大量流失的泥沙，沿着千沟万壑被冲入渭河，最终在陕西潼关汇入黄河，成为黄河泥沙的重要来源之一。

在谢村，85% 以上的耕地在山坡上。中华人民共和国成立前后，随着土地所有制以及村庄人口的变化，村民对土地的利用方式也发生了变化。中华人民共和国成立之前，谢村坡度较小的缓坡地被开发成了农田，坡度较大的陡坡地则因不适宜耕作而长满了荒草，村民称之为荒草滩或荒坡地。这些荒坡地大部分归地主所有，主要用来放羊。当时，谢村的人口为二三百人，按照《甘谷县志》记载的中华人民共和国成立初期该县人均耕地为 4.54 亩[2]的标准计算，谢村在中华人民共和国成立初期被开发的耕地为 1000 亩左右。

> 中华人民共和国成立之前，除了现在能看到的这块川道地，其他都是坡地。山上的坡地种着庄稼，村子周围的坡地则荒着，我们称之为荒草滩或荒坡地。荒坡地上没有树，主要是草。当时，大部分荒坡地属于我们村的一个地主和何家湾村的一个地主的。荒草滩主要用来放羊，但那时候羊也不多，一般家庭养不起羊。
>
> ——摘自 2016 年 5 月 6 日对村民张大军的访谈

土地改革时，地主的荒坡地被分配到各家各户。同时，村里的人口不断增加，之前用来放牧的荒坡地逐渐被开垦成了耕地。1984 年谢村第二次调整土地的时候，村里的人口大约为 600 人，人均耕地约为

---

[1] 甘谷县水利局水利志编纂办公室编：《甘谷县水利志（1986—2007 年）》，内刊，第 82 页。

[2] 甘肃省甘谷县县志编纂委员会编：《甘谷县志》，北京：中国社会出版社，1999 年版，第 125 页。

2亩，即谢村此时的耕地总面积约为1200亩。

> 中华人民共和国成立时，村子里大约有40户200到300人。中华人民共和国成立之后，我们把荒坡地按人口进行了分配，分配后的2到3年内，人们就在荒坡地种上了庄稼。1954—1955年，能种庄稼的地基本都种上了庄稼。
>
> ——摘自2016年5月6日对村民张大军的访谈

由上可知，谢村在中华人民共和国成立之后的几年里，几乎将所有的坡地都开垦成了耕地。在极易发生水土流失的黄土高原上，常年被杂草覆盖的坡地是水土保持的重要屏障。相比之下，被开垦成耕地的坡地则由于耕种活动和庄稼生长季节的影响，更容易受到雨水的侵蚀而加剧水土流失。日益严重的水土流失，给村民的生产生活带来了诸多不利影响，不仅粮食产量难以提高，而且直接对村庄和村民的生命财产造成了威胁。

> 在坡地上种庄稼时，庄稼长得不行，产量也上不去。因为坡地不能蓄水，雨水顺着坡流走了，地里的肥料也随之流失；雨大的时候，甚至可能把庄稼一起冲走。
>
> ——摘自2016年5月4日对村民王全生的访谈

> 坡地在下大雨的时候无法蓄水，来自青龙山的径流正对着村庄，有时候会对房屋造成危害。我记得村后面靠近山的地方原来是有房子的，有一次下大雨房子被冲垮了。
>
> ——摘自2016年5月12日对村民张有为的访谈

如前所述，甘谷县地处西北内陆干旱地区，降雨时空分布不均，上半年由于来自海洋的季风势力不易到达，降水少，加上空气干燥，风速大，气温回升后，蒸发量大，容易发生春旱和夏旱；而大强度的暴雨往往集中在7月、8月、9月，这正是夏粮收后农田裸露在外的季节，雨滴击溅裸土，破坏土壤结构，会造成严重的水土流失，严重时还会引发山洪、泥石流。[①]对于种植业而言，地表的土层是松软、肥沃的熟土，有利于庄稼的生长，但这层肥沃的土壤却在暴雨的冲刷下，顺坡流走了。在干旱缺水地区，水资源在雨季无法积蓄，更加重了干旱。长此以往，人们的耕地只会越种越薄，在低产的情况下人们只能尽可能多地开垦土地，形成广种薄收的模式。广种薄收让地表植被遭到破坏，进而加重了水土流失，水土流失又会进一步加重土地的干旱贫瘠，而产量下降后又进行新一轮的垦荒，如此循环往复，只会让生态环境越来越恶劣。

此外，从新秀镇南下经过谢村的田家沟是渭河的一级支流，在夏秋暴雨时节被大雨冲刷而下的泥沙沿沟流入渭河，再经渭河流入黄河。因此，从大环境来看，谢村所在的甘谷县北山黄土墚峁区流失的水土最终成为黄河泥沙的组成部分。

二、梯田修建过程

人民公社时期，谢村是甘谷县的红旗大队。在"农业学大寨"的号召下，作为红旗大队的谢村成为甘谷县"农业学大寨"的试点村。谢村与大寨村在地形地貌、生产生活条件等方面有很多相似之处：都地处黄土高原，干旱缺水，坡面的土地分散且耕种困难，粮食亩产量低。在大寨的诸多成果和经验之中，梯田建设是非常重要的一个方面。因此，在被确定为"农业学大寨"的试点村之后，从1964年下半年开始，谢村决定从修梯田开始学习大寨经验和精神。

在当时的生产生活条件下，将村民动员和组织起来参与梯田建设并非易事。但是在村干部的积极带头、驻村干部的监督和指导下，谢村逐步拉开了修造梯田的帷幕。

首先，宣传大寨精神，提高村民的思想觉悟。村里原本就有

---

① 甘谷县水利局水利志编纂办公室编：《甘谷县水利志（1986—2007年）》，内刊，第93页。

几块较为平坦的川地，村民知道川地比坡地更易耕种，且产量要高不少，所以村民明白梯田建设是一件对当下及子孙后代都有益的事情。但是在那个刚刚从三年困难时期缓过劲来的年代，很多村民其实并没有太多的斗志，他们更多的只是想完成基本的耕作任务，挣足可以填饱肚子的工分。在生活资料有限、生产工具缺乏的年代，村民们也能预想到修梯田是一件耗费体力的"苦差事"。所以，在1964年底大队开始宣传要修梯田的时候，大部分村民都处于观望状态。为了提高村民的思想觉悟，让村民对修梯田有一个更加直观的认识，谢村播放了当时有关大寨村修梯田的新闻纪录片。片中介绍了大寨人在陈永贵等人的带领下，不畏艰难险阻，开山凿坡、修造梯田的过程，宣传了修梯田在保水保墒、增产增收等方面的诸多好处，号召村民学习大寨人民自力更生、艰苦奋斗的革命精神。

其次，选派代表到大寨村参观学习，调动村民的积极性。在"农业学大寨"的热潮中，全国各地的农村纷纷选派代表前往大寨村学习，谢村的代表们正是在这股热潮中来到了大寨村。当时被谢村派去大寨村学习的男性代表是生产队的队长，女性代表则是生产队的劳动积极分子。代表们来到大寨村，他们所经历的一切都给他们留下了深刻的印象。对于未能去大寨村学习的村民来说，代表们的所见所闻显得非常新鲜。在这个传统的熟人社区里，代表们在大寨村的见闻很快传遍全村，人们对大寨事迹和大寨精神不再陌生。村民们相信，大寨人能发扬艰苦奋斗的精神改善生产生活条件，谢村人也同样可以。在这种精神的鼓舞下，谢村人不畏艰辛，最终将村里的大部分山坡地修成了梯田。

再次，党员干部的模范带头作用是修建梯田的组织基础。谢村作为县里的红旗大队，各项工作都做得比较出色，这与党员干部的模范带头作用密不可分。当时谢村的大队书记王书记，是一名老党员，从1960年开始任大队书记，直到1974年大坝完工时卸任。村民回忆，王书记思想觉悟非常高，积极认真对待公社安排的工作，具有无私的奉献精神。除了王书记之外，谢村还有七八名老党员，这些老党员大多是生产队的负责人，在日常集体劳动中发挥了模范带头作用。在这些党员的积极影响下，谢村的梯田修建工作顺利展开。

> 王书记是个老党员，曾任公社党委书记，1960年回村当大队书记。区里的干部下村时，发现我们村的工作做得很好，因此选我们村为"农业学大寨"的试点村。王书记对工作特别认真负责，严格执行党的政策，具有无私的奉献精神。我们村的老党员比较多，大约有七八个。中华人民共和国成立之后，我们村就有了党支部，这在当时的农村并不多见。在修梯田的时候，大队书记、副书记、民兵连连长、生产队队长都是老党员，他们思想觉悟比较高，工作也比较积极。
>
> ——摘自2016年5月12日对村民张有为的访谈

最后，驻村干部的督促和指导是梯田建设工作顺利推进的保障。修梯田的时候，包括县委副书记、公社干部在内的七八个人驻扎在谢村，组织梯田修建工作。当时他们自带铺盖卷，与村民同吃、同住、同劳动，并将伙食费以粮票的形式交给村民。

> 我们是红旗大队，公社对我们一直比较重视，所以村里一直有驻村干部。驻村干部就住在村民家里，每天给农户1斤粮票、4毛钱。这是国家的政策规定，也是干部的纪律要求。驻村干部主要负责宣传党的政策、科学种田的政策、指导村干部的工作等。
>
> ——摘自2016年5月6日对村民张光明的访谈

驻村干部在与村民同吃、同住、同劳动的过程中，加深了对村庄及村民的了解，能够对村里的工作做出适当的安排和指导。在驻村干部的带领下，大队干部对于上级安排的各项工作都积极响应，村民也通过各种方式被组织和动员起来。

1964年秋收以后，谢村从川道地上开始了梯田修建工作。之所以选择从川道地开始，是因为当时人们对梯田建设还持观望态度。如前所述，川道地原本就是比较平坦的土地，村里选择从相对平坦的土地开始，一方面响应了上级的工作安排，另一方面也是一种先易后难的策略。在原本就相对平坦的川道地上修建梯田，不需要花费太多的人力物力，只需稍微平整一下就可以了，所以相对容易，村民在心理上更容易接受这一安排，也容易出成果。

从1965年开始，全国各地农村掀起了"农业学大寨"的热潮，纷纷宣传大寨人吃苦耐劳、艰苦奋斗的精神，号召群众团结一心、努力奋进，在全国范围内形成了一种争先恐后的竞争氛围。在这样的背景下，谢村的梯田建设从川道地转移到了坡地。此时，川道地经过1964年下半年的修整，在1965年已经初见成效：土地更加平坦了，村民好种地了，农作物产量也提高了不少。村民体会到了梯田带来的好处之后，也慢慢从心理上开始接受修梯田的工作了。

修坡地的时候，人们首先选择的是从青龙山山顶下来紧靠村庄的那块土地。原因有两个方面：一是这块坡地离村庄最近，下大雨的时候坡地无法蓄水，从山顶冲下来的泥水正对着村庄，有时候会对村民的房屋造成危害。将其修成水平梯田，可以在一定程度上减缓泥水对村庄的冲击，有利于村庄的安全。二是离村庄最近的坡地是相对容易耕种和收获的土地。在没有实现机械化、耕种和收获全靠人力的年代，到越高的坡地上耕种，就意味着要付出越多的劳力。所以在村民眼里，离村庄越近、坡度越低小的土地是很好的土地，将这类土地先修成梯田，可以更早获益，不失为一种明智之举。

梯田依地势而建，有的坡地比较平缓，修出来的梯田就宽，有的地势陡峭，修出来的梯田就窄。要将一块坡地修平，并非易事。当时既没有专业的技术指导，也没有专业的仪器设备，而是由有经验的村民凭眼力来判断的。有时候，刚打好的一块地可能突然就垮了，于是就得重做。修好的梯田也不是完全水平的，而是外面稍高、里面稍低，这样一来，下雨的时候地边不容易垮掉，地里还能留住雨水。为了更好地防止水土流失，谢村人还在每一块修好的梯田地角上挖了土井。土井在地块的角落，比地块稍低，当雨量很大的时候，地里的雨水可以流进去储存起来。如果遇上天旱，井里的水可以打出来浇地，所以土井实际上就是一个蓄水坑。但后来由于日积月累的泥沙淤积，地角的土井全部被淤成了平地。现在天旱时人们如果需要浇地，得从自家的水窖或者村里的大坝打水，然后用手推车推到地里去。

谢村的梯田建设持续到20世纪80年代末期，村里几乎所有的坡地都被修成了梯田。其中，大部分的水平梯田是在1964—1974年完成的。总体来看，谢村的梯田建设遵循了"先易后难、由近及远、由好及坏"的原则。1965年，修好了青龙山紧靠村庄的坡地之后，接下来修的是湾儿、下湾儿、湾儿坟这几块坡地。因此，到20世纪70年代初修大坝之前，村里的川道地和青龙山上较好的坡地基本都已经修成了梯田。在1969—1973年修大坝期间，梯田建设基本停止。1974—1978年间，谢村又陆续修了上川子、下川子等较远的坡地。1978年之后，谢村将剩余的一部分土地进行了整理，零星地修了一些梯田。1980年土地承包到户的时候，只剩下村庄对面穆家湾山上的土地没有被修成梯田了。穆家湾山上的那部分土地坡度陡、黄土层薄且距离村庄远，可以说是全村条件最差的土地。这些地在20世纪80年代也逐渐被修成了梯田，但因为是分配到每个家庭去修的，加上坡度较陡、土质较硬，所以其平整的程度远不及之前依靠集体的力量修建的梯田。

三、梯田的水土保持功能

修好的梯田十分壮观。当笔者一行在5月的一个傍晚爬上青龙山的山顶，从上往下看时，黄（油菜花）绿（麦子）相间的层层梯田在落日余晖的映照下显得格外美丽。再往远处眺望，一座座山头、一片片土地构成了层层梯田的壮阔景象（如图3-1所示）。

在那一刻我们不禁感叹，人类的力量真是强大啊！将一座座大山从上到下修成现在我们现在所看到的样子，劳动人民付出了多少时间和汗水啊！谢村曾参加过梯田建设的老一辈村民在回忆当年修梯田的场景时，眼里仍然闪现着由内而外的激动和自豪。之所以激动和自豪，是因为直到现在，他们仍然觉得他们靠肩挑手推修建起来的梯田是一件功在千秋的壮举。那种全村人共同挥洒汗水、没日没夜修梯田的辛劳日子，时至今日仍值得怀念，而这一块块梯田正是他们劳动的丰碑。

图3-1　层层梯田(笔者摄于2016年5月)

修梯田的日子是辛苦的。用村民的话来说就是"早上一把锁，晚上一盏灯"，每天天不亮就出发，在地里一干就是一整天，直到天黑了才回家，很多时候午饭都是家里人送到山上去吃的。修梯田一般在秋冬农闲时节，等地里的庄稼收上来之后，再规划出一片坡地开始修建。当时谢村大约有400人，和大寨村一样，谢村的两个生产队都组建了先锋队。每个先锋队大约40人，成员主要是18—40岁的青壮年。先锋队又分为男队和女队，干活的时候，先锋队内部和先锋队之间相互竞争，看谁干得多、干得快、干得好。

　　每天凌晨4点左右，我们就到地里干活了，一天都不回家。1974年后，村里通了电，晚上还得加班。梯田修得紧的时候，三九天我们还在地里干活，那时候土都冻上了，特别硬。有一年，我们只在大年三十休息了一天，大年初一就开始干活了。那时候有县里的干部蹲点负责，县、公社、村的干部和农民一起上阵。刚开始的时候主要是靠肩膀挑，后来才有了手推的木轱辘车。直到修大坝的时候才开始使用两个轮子的架子车，轮子带钢圈，干活才稍微轻松一点。我在修大坝的时候，就是先锋队拉架子车的，是跑得最快的人之一。

——摘自2016年4月28日对村民王全生的访谈

其实当时很多村民对于修建梯田并不能完全理解。刚开始的时候，有些村民以为修几天就好了，谁也没想到一修就是这么多年。村民在农忙的时候干农活，农闲的时候修梯田，这样一来，一年到头几乎没有休息的日子。而且修梯田全都是苦活、累活，需要消耗大量的体力，然而，在国家的宣传影响下，在党员干部的带动引领下，村民们受艰苦奋斗、自力更生的革命精神的鼓舞，克服了种种困难，最终完成了梯田建设。

梯田建设成效显著。当历史的车轮翻过这一段艰辛的岁月时，我们回头审视，不得不承认，对于黄土高原的村民来说，将坡地改造成梯田，虽然辛苦了一代人，却是有利于子孙后代的大好事。

首先，生产生活条件得到了改善。坡地改梯田之后，原来"跑土、跑水、跑肥"的"三跑地"变成了"保土、保水、保肥"的"三保地"，土地的蓄水保墒能力大大提高，抵抗干旱的能力大大增强。对于十年九旱的黄土高原雨养型旱作农业而言，土地抗旱能力的增强无疑是生产条件的巨大改善。伴随土地蓄水保墒能力的提高，粮食亩产量也大大提高了，人们的生活水平随之改善。

黄土就像海绵，能蓄水。我们这里春季比较干旱，秋季雨水多。秋天雨水多的时候，因为梯田外面高、里面低，所以雨水就被留在了地里。等到来年春天，即使天干旱一点，土地也是湿润的，我们称之为"天干地不干"。

这就是梯田保水保墒的作用。此外，梯田还可以减少水土流失。以前的坡地，我们耕地把土耕松了，遇到暴雨，肥土便会被冲走，又成了光板子了。等土壤再次捂熟之后，一旦遇到暴雨，肥土又流走了。没修梯田之前，一亩坡地的产量只有100多斤，修了梯田之后，一亩坡地的产量一下子提高到200—300斤。所以修梯田确实是有益的，只是当时人们付出了巨大的艰辛。

——摘自2016年4月29日对文老师的访谈

其次，水土流失大大减少。吴发启等的研究表明，黄土高原地区的水平梯田具有显著的水土保持效益[1]。因此，从环境的角度来看，黄土高原地区的梯田建设可以大大减少黄河中上游地区的水土流失，进而为黄河泥沙的治理以及黄河下游洪涝灾害的减少作出巨大贡献。在像谢村这样的"农业学大寨"试点村的梯田建设初见成效之后，甘谷县其他村庄的梯田建设也在政府的号召和组织下全面展开。到1991年底，全县水平梯田面积近38万亩，占当年山地总面积的46.6%左右；到2003年，全县水平梯田面积达70多万亩，占当年山地总面积的87.5%左右。[2]至此，甘谷县的水平梯田建设已基本完成。

在谢村将坡地修成梯田的过程中，集体力量发挥了重要的作用。如今，依然存在的壮观梯田，仍然在人们的辛勤劳作下养育着一方人。对于谢村人来说，这一段壮举并没有结束。在梯田基本修好之后的20世纪70年代，人们又在上级政府的号召下，开始了一项新的工程——修筑大坝。

---

[1] 吴发启、张玉斌、王健：《黄土高原水平梯田的蓄水保土效益分析》，《中国水土保持科学》，2004年第1期。

[2] 数据来源于甘谷县1991年和2003年的统计年鉴。

第三节　修筑大坝

一、筑坝蓄水

堤坝建设是黄土高原地区沟道治理的重要措施。如前所述，黄土高原的深沟险壑既是水土流失的结果，也是进一步引发泥石流和山体滑坡，导致更为严重的水土流失的诱因。因此，沟道治理一直是黄土高原水土保持综合治理体系中的一个重要方面，而修筑堤坝则是沟道治理的主要措施。暴雨时节，堤坝可以减缓水流的速度，并拦截上游冲刷下来的泥沙，从而达到水土保持的效果。①堤坝分为两种，一种是功能坝，主要用来蓄水灌溉；一种是淤地坝，主要用来拦截洪流和泥沙。黄土高原地区的堤坝建设以淤地坝建设为主。

20世纪70年代初，谢村在村庄前面的主沟里修筑起了一道大坝。修筑大坝的最初设想是通过蓄水灌溉达到增产增收的目的，但这一设想仅仅只在大坝建好的前几年里变成过现实。20世纪80年代初，随着人民公社的解体，与大坝相配套的灌溉设施逐渐被废弃，大坝的灌溉功能因而丧失。20世纪90年代，大坝先后几次被加高加宽加固，大坝蓄水的功能被保持下来。目前，大坝拦截的水流在坝后形成浅浅的一汪水库，站在高处远远望去，水库成为谢村一道独特的风景，向人们叙说着人民公社时期的这一大壮举。

谢村的大坝从1969年下半年开始动工。修筑大坝的想法，是当时一位来自省里的驻村干部提出来的。据村民回忆，这位驻村干部在查看了谢村的地形地貌条件之后，提出了在村庄前面的大沟里修建大坝蓄水灌溉以增产增收的想法。该想法的提出，主要

---

① 冉大川、罗全华、刘斌等：《黄河中游地区淤地坝减洪减沙及减蚀作用研究》，《水利学报》，2004年第5期。

基于以下两点：一是到 1968 年底，村里的川地和村庄后面青龙山上的坡地都已修成了梯田，这就具备了灌溉的基本条件；二是村庄前面的主沟里常年流水不断，可以成为灌溉的水源。于是，在这位省里来的驻村干部的大力号召和村干部的积极响应下，谢村人开始修起了大坝。

> 修筑大坝是省里来的一位干部提议的。这位干部在我们村住了好几年，是个文化水平高、做事认真的实干家。他善于观察，在我们村转了一圈之后，发现我们村的条件适合修筑大坝。首先，我们村本来就有一块平坦的川道地，其次，经过几年努力，山上的坡地也大部分修成了梯田。于是他就想，如果能有水源，再建设一个电灌系统，就能大大提高粮食产量了。他注意到村前的沟很深，而且沟里常年有几股水流淌，下雨的时候水更多。所以他提议打一个土坝，把沟里的水蓄起来，然后再抽上去进行灌溉。那时候我们是红旗大队，王书记认为驻村干部的提议很有道理，于是积极响应，组织村民修起了大坝。
>
> ——摘自 2016 年 5 月 12 日对村民张有为的访谈

大坝建在村庄的上游，关于大坝位置的选择，也是经过一番考虑的。那时候村庄的房屋主要集中在下游的川道地对面。将大坝修在上游的位置，相当于避开了村庄的主体，不会影响村民的生活。如果在提灌的过程中发生管道破裂的情况，也不会对房屋和村民的安全造成威胁。另外，上游提灌的坡度也比较合适，管道可以直接通往青龙山山顶。当年用于提水上山的管道如图 3-2 所示。[①]

---

① 在水利设施发达的平原地区，这样的管道是平常之物，但是在干旱缺水的黄土高原地区，能见到这样的提水管道却并非寻常。

图3-2　提水管道遗存(笔者摄于2016年5月)

　　1969—1972年，主要完成了大坝坝基部分的修建。1969年刚开始总动员的时候，附近的其他大队还派了一部分劳动力过来协助修坝，但1970年之后，就只有谢村人自己修了。修筑大坝之前，沟是很深的，呈V字形。人们从沟的两边取土，将沟底一点点垫平，垫上一层土之后再靠人力用木夯夯实。那时候生产工具仍然十分简陋，有少量的架子车，但主要还是靠肩挑手推。人们依然是农忙时节下地干农活，农闲时节则没日没夜地奋战在大坝上。大约到1972年底的时候，大坝基本修好。大坝修好之后，从新秀镇流下来的几股水流被大坝拦截，形成了一个小型水库，提供了灌溉的水源。

　　大坝修建完成之后，接下来是铺设提灌的管道以及挖掘水渠。当时提灌用的铁管道是国家无偿提供的，谢村人用人力车从新秀镇上拉回来。刚开始铺设的提灌管道直径为4寸，但是在1974年第一次通水之后，村民们发现4寸的管道太细不够用，于是又换成了6寸的。水渠在地里的部分是土渠，就是在梯田边上挖出的土沟，当时整个青龙山的梯田以及水平的川道地四周都挖上了这种土沟，以便将提到山顶的水引流到每一块地里。还有一部分水渠要经过村庄，为了不让水流对村庄的土地造成侵蚀而影响村庄房屋的安全，这部分水渠是用水泥和石块砌成的，大约0.5米深、1米宽。水泥在当时是比较稀缺的物资，也是由政府免费提供的。

谢村的提灌是二级提灌，所以除了上述的大坝、提灌管道、水渠之外，还建了两个提灌站：一个在大坝的旁边，一个在青龙山的半山腰上。半山腰上的提灌站除了建有一个机房之外，还建有一个方形的水池。一级提灌将大坝的水抽到这个水池之后，再从这个水池抽到山顶，从而完成二级提灌。一级提灌的水可以沿着水渠流到几块水平的川道地，经二级提灌到山顶的水则可以灌溉整个青龙山上的梯田。刚开始抽水灌溉的时候，村庄还没有通电，是用柴油机发电抽水的。后来镇里修了一个柴油机发电站，每当谢村需要抽水灌溉的时候，就提前告知发电站，让他们给村里通电。当时灌溉所需的柴油机、电泵和用电都是由政府免费提供的。至此，谢村完成了大坝的修建。

二、提水灌溉

1974年，提灌所需的水源、管道、水渠、抽水机等都已经准备就绪，为提水灌溉而辛勤忙碌了近5年的谢村人怀着激动的心情，期盼着农时的到来。在这一年的春播时节，柴油机发电抽水了，人们亲眼见证了大坝的水被抽到青龙山顶，然后顺着水渠流进每一块地里。

灌溉的时候会连续抽上几天的水，抽水的时候需要有专人看管。此外，队里还会派十多个人到地里去看着。因为地不是完全水平的，还可能有田鼠打的洞，如果水进去了，会把地给冲垮，所以得有人看守。在灌溉的那几年，地里的庄稼产量明显提高！在灌溉之前，川道地的小麦亩产量只有200多斤，而灌溉之后则突破了千斤；坡地的亩产量在修梯田之前只有100多斤，修梯田之后达到了300多斤，灌溉之后，亩产量更是提高到了700多斤。那时候站在灌溉的小麦地旁边，根本看不到土地，只见小麦青黑青黑的，长势喜人！

——摘自2016年5月2日对村民张光明的访谈

经过灌溉的黄土地由于水分充足，粮食产量大大提高，这对于祖祖辈辈靠天吃饭的谢村人来说，是从未有过的新体验。如前所述，在黄土高原雨养农业区，干旱以及与之相伴相随的饥荒是该地区的人们所面临的最大威胁。在十年九旱的气候条件下，粮食产量往往得不到保障，人们很难过上丰衣足食的安稳日子。一旦遇上持续多年的大旱，人们甚至不得不颠沛流离，外出乞讨。因此，能收获足够填饱肚子的粮食成为该地区人们最基本的愿望。

龙王是中国古代神话传说中掌管行云布雨的神灵，作为民间重要信仰，很多地方建有龙王庙，人们通过供拜龙王来祈求平安和丰收。谢村的龙王庙坐落在村小学的旁边，有一位老者专门负责看护。据介绍，谢村的龙王庙历史悠久，早在中华人民共和国成立之前就存在，为周围的四个村庄所共有，香火旺盛。人民公社时期，对龙王的祭拜停止了，龙王庙也遭到了破坏。20世纪90年代初期，村民又集资重建了龙王庙。现在的龙王庙，是后来翻修过的[①]。每年春季，人们会在村里的龙王庙里搭起戏台，邀请戏班，唱几天大戏，以表达对美好生活的热爱和满足。

人们建龙王庙的愿望是什么？你看庙里悬挂的两个大牌子，一个写的是风调雨顺，一个写的是国泰民安，这可能就是人们的愿望吧。求雨应该是最基本的愿望，村民认为天上的雨由龙王掌管。当龙王看到天气十分干旱，导致老百姓生活困难的时候，就会降雨。我们村是求过雨的。大约在1983年，天气特别干旱，庄稼全都快枯死了，人们的吃水也很紧张。村民就把龙王爷的龙袍脱掉，由村里所有的男性把龙王抬上，从村里一直抬到青龙山的山顶，然

---

① 翻修后的龙王庙更名为石佛寺。

后在山顶歇缓一下，再绕着村子转下来。下来的时候，在小湾儿的龙王泉取上一瓶水，回来之后由全村人一起祈求龙王施雨。

——摘自2016年4月29日对文老师的访谈

如果说传统的求神降雨行为是当地村民对干旱气候环境的一种被动反应，那么修筑大坝提水灌溉的行为则是人们对生存环境的一种主动改造。在干旱的时候有水灌溉，这应该是对当地生存条件史无前例的改善了。而且这也使得粮食产量大大提高，不得不说是人们的一大壮举。因此，当人们看到地里的庄稼能浇上水时，内心是无比激动的。

然而，提水灌溉只持续了短暂的几年时间。灌溉无法持续的原因显而易见：

一是漫灌的灌溉方式注定无法长久。漫灌在浇灌时需要将整个田地都放上水，因此用水量较大，灌溉成本也高。谢村提灌所需的水是大坝拦蓄下来的，水量有限，而黄土又像海绵一样，具有吸水性，在这种情况下使用漫灌的方式，是不能长久的。

二是较高的灌溉成本谢村无力承担。漫灌所需的水量很大，需要柴油或电力将水抽上山顶。一开始提灌所需的柴油、电力等，都是由国家无偿提供的，村民不用自己掏钱，所以提灌的方式维持了一段时间。人民公社解体之后，国家对谢村的无偿补贴也随之结束，当村民需要自己承担这些成本的时候，提灌就难以为继了。

三是人民公社的解体使得与灌溉相关的水利组织体系也随之解体。农田水利灌溉系统的正常运行，需要一个与之相匹配的组织体系来保障。如前所述，灌溉时一个队大约需要安排十个人来负责相关事宜。对于谢村而言，灌溉是一种全新的农业生产方式，谢村在此之前从未有过水利组织，人民公社时期对村民的分工和调配算是临时的水利组织。人民公社解体之后，与提灌相关的组织体系也就随之解体了。

四是土地承包到户之后，各家各户分散的、多样化的种植安排也使得无法统一组织灌溉。人民公社时期，每一块地种植什么作物，都由集体统一安排，这样有利于统一灌溉。土地承包到户之后，每块地上种植的作物可能不同，对灌溉的需求有较大差异，因而增加了灌溉的难度。

五是到20世纪80年代初，坝前水库逐渐被上游村庄冲下来的泥沙淤平，因而失去了蓄水能力。谢村的梯田建设相对其他村庄较早，还未完成坡地改梯田的上游村庄，水土流失还比较严重，雨季顺沟而下的泥沙淤积在谢村的大坝后，日积月累，坝后水库逐渐被淤平了。

在上述因素的综合作用之下，谢村人辛苦多年修建起来的提灌系统在20世纪80年代初被废弃了。

三、大坝的拦洪减沙作用

虽然大坝提水灌溉的功能最终被废弃，但是其减洪、减沙、减蚀的作用一直持续到现在。1984年左右，由于坝后淤积的泥沙太多，大坝坝体被雨水冲垮过一次，大坝的蓄水功能基本丧失。1990年，坝后被泥沙淤成了一块30多亩的平地，是大坝拦沙减沙的最好见证。1990—1996年，正好是村民大力发展农业生产、对每寸土地都非常珍爱的时候，于是，谢村将这块30多亩的坝后淤地划分到各家各户，种起了庄稼。

> 大坝修好了之后只灌溉到1980年，后来大坝就让淤泥给淤平了。1984年，大坝坝体被雨水冲垮过一次，主要是底部的黄土淤泥太多导致大坝基本无法蓄水，再加上没有人组织维修。1990—1996年，坝后淤出来的平地被我们用来种地了。刚开始，村民各自划出一块地归自己所有，但后来有人因为争地闹出了矛盾，最终村里出面协调，将那块地按人口均分了。那时候，那块地大约能产3万斤小麦。那块地很肥沃，湿度好，不易旱涝，是块好地。

> ——摘自2016年4月27日对文老师的访谈

1997年，为了保护陇海铁路线，相关部门投入资金和人力对大坝进行了重建，并在之后的每年给谢村2万元作为大坝的维护费用。2010年，县里的水土保持部门出资，将坝体加高了近10米，并对坝后的淤泥进行了清理，对坝底进行了加固，大坝的蓄水功能得到恢复。2013年，坝基两侧用水泥予以加固。后来，坝后的水库被村支部书记承包，放养了一批鱼苗，发展农家乐。

> 现在我们的书记承包了坝后的水库养鱼，同时负责大坝的防洪工作。如果水库的水位过高，就要把大坝的放水口打开泄洪。一旦发现大坝有危险，要及时向上级汇报。现在大坝的维护工作归甘谷县水利局管，他们每年会下拨一笔维护费用。虽然大坝现在不灌溉了，但对我们还是有一些好处的，比如村庄里建房子的时候可以从大坝抽水，附近村庄承包了苹果园的人在春灌、冬灌的时候也会到我们这里来取水。此外，由于大坝的存在，我们村的空气都显得湿润了。
>
> ——摘自2016年4月27日对文老师的访谈

2021年，政府又出资完成了对大坝的除险加固工程，新建坝体排水沟330米，溢洪道162米，并进行了坝面护坡维修。[1]

虽然由于泥沙的淤积，水库的水呈逐年变浅的趋势，但是与1990年之前相比，坝后泥沙淤积的速度已明显减缓。这从一方面说明上游村庄的梯田建设确实在一定程度上减少了水土流失的总量，另一方面也说明大坝起到了拦截泥沙的作用，减少了汇入渭河的泥沙总量。因此，以淤地坝建设为主的沟道治理一直是黄土高原水土保持体系的组成部分之一。对于村民来说，水库的存在，也给村民的日常生活提供了一定的便利。

---

[1] 甘谷县地方志编撰中心编：《甘谷年鉴·2022》，兰州：甘肃民族出版社，2022年版，第166页。

第四节　植树造林

一、在沟坡地植树造林

据谢村的老人回忆，在植树造林之前，谢村除了房前屋后的零星树木外，并没有形成真正的树林。在没有被开发为耕地的陡坡地和沟道边，大多是荒滩地，上面长满了杂草，而不是树木。村庄房屋周围偶尔有几棵稍微大一点的臭椿、榆树和槐树，那是村民为了防止下雨时黄土滑坡塌方而栽种的。

> 从我记事起，我们这边就没有树，一直是光秃秃的。只在村庄周围长了一些树，主要是榆树和槐树，都是个人栽的。不栽树就没有树，最多在山上和沟里长一点草。冬天的时候，野草被割掉，用来做饭和烧炕。所以，那时候的沟坡边夏天有一点草，冬天就没了。下大雨的时候，沟里就容易滑坡。但那时候人们也没想到去种树。
>
> ——摘自2016年5月4日对村民王全生的访谈

可见，在植树造林之前，谢村的沟坡地里是没有树木的。因为人多地少，村里的荒坡地被最大限度地开发成了耕地，没被开发成耕地的都是沟边的陡坡地，陡坡地上生长的是杂草，并没有树。此外，村庄的房前屋后有少量的树。在当时的生产生活条件下，人们的主要精力都放在了如何收获更多的粮食以解决温饱这一核心问题之上，几乎没有人会想到去沟坡地里种上一些树来为己所用，更不会去想种树可以有利于水土保持这些远离他们日常生活的问题。

中华人民共和国成立以后，甘谷县为了防治水土流失，展开了大规模的植树造林活动。县里先后建立了5个国营苗圃,育苗供全县植树造林之用。国营育苗在人民公社时期占主导地位,国营苗圃引进并培育了大量良种苗木,为全县育苗工作提供了宝贵经验。20世纪50年代,国营育苗以山杏、刺槐、华山松、椿、榆为主,兼育苹果、核桃、花椒、梨等;20世纪60年代则主要培育刺槐、苹果、核桃、花椒等;20世纪70年代则以各种杨树为主,配以刺槐、苹果、杏、花椒等树种。①之后,集体和个人育苗逐步发展起来,国营育苗则慢慢减少。国营苗圃为全县的植树造林提供了树种,影响着全县林木发展的大方向。

谢村的植树造林活动大约从1965年开始。如前所述,当时谢村的王书记是个工作积极的老党员,和修梯田一样,作为红旗大队的谢村在王书记的带领下,对政府发出的植树造林号召也作出了积极的响应。当时种植的树种主要是刺槐,当时的甘谷县农业局先将树苗发送到各个公社,公社再将树苗分配到每个大队。清明前后,队里会安排劳动力到荒坡地里去种树,一般会持续一个星期到十天左右。种树的时候,男劳力负责挖坑,女劳力负责放树苗和培土等,彼此配合。树种好之后,还要定期浇水施肥,保证成活率。与修梯田相比,种树算是较轻的体力活了,所以大部分村民对种树并不是太抵触。刺槐耐旱,属于比较容易成活的树种,因此种上去的树苗后来大部分都长成大树了。

> 我们种刺槐大约从1965年开始,到1975年结束,持续了十年左右。植树造林能防水、防风、防水土流失,树长大了还可以利用,所以大家还是乐意种树的。1958年,房前屋后的树都被砍掉用来炼钢,有的用于集体建筑,有的直接被拉到食堂烧掉了。直到20世纪60年代之后,人们才又开始重新种树。树都是种在不长庄稼的陡坡地上,那时候能长庄稼的地都种上了庄稼,不能种庄稼的地就种上

---

① 甘肃省甘谷县县志编纂委员会编:《甘谷县志》,北京:中国社会出版社,1999年版,第160页。

了树。

——摘自2016年4月28日对村民王全生的访谈

种树的活不累，也基本不占用耕地，而且树长大之后还有木材可以使用，所以大部分村民愿意种树。刚开始种树的时候，树苗是县里发下来的，几年之后，大队开始自己育苗了。每个生产队有一个育苗园，大约两三分地。在秋季雨水多的时候开始育苗，树苗在育苗园里生长两年左右，长到一定高度的时候就可以栽种了。一般选在春季下雨过后，趁着土地湿润种树。种树时，先挖上一个一尺见方的坑，将树苗放进去，然后填上土，最后用脚稍微踩实。刺槐耐旱，种上之后不用经常浇水，大部分都能成活。成活之后的刺槐树根还可以再发出新芽，也就是说，只要能保留树根，树被砍了之后还能再长出新树。

除了村民之外，当时谢村小学的老师也组织了学生开展植树活动。学校老师让学生在特定的时节收集各种树的种子。收集的种子一部分交给生产队，一部分则留在学校育苗。当时生产队给学校分了几亩地，所以学校有育苗的地方。树苗育出来之后，老师就带着学生到山上或路边去栽树。

大坝过去那个陡山坡上的树，就是20世纪70年代我父亲（当时村小学的老师）带着学生栽的。还有现在我们的入村公路两旁，以前是两排直直的刺槐，像哨兵一样，现在都被砍光了，我心里一直觉得非常可惜、心疼！那也是学校老师带着学生栽的。

——摘自2016年4月27日对文老师的访谈

学生栽树的数量虽然不多，但在这一过程中学生或多或少对植树造林有了印象。在谢村，有一位家喻户晓的名人——何先生（1882—1948年）。何先生大学毕业后回到甘谷，在创办实业的同时，也注重教育救国。他于1913年任伏羌（今甘谷县）第一高等小学教员、校长，并创办了新秀镇高等小学，自任校董兼校长。何先生担任校长期间，规定毕业生要在新秀山上栽种一棵松柏，以作纪念。[①]此后，各届毕业生栽植各类树木数万株，栽植面积数百亩，新秀山也因此而得名。何先生让学生种树的思想和行为，在一定程度上影响了谢村小学的老师，他们也带领学生积极参与植树造林活动。

通过集体的努力，到1975年左右，谢村的沟坡地边基本都种上了刺槐。到了20世纪80年代初，谢村在20世纪60年代种的刺槐已经长到了近10米高，形成了一片片茂密的林地。

> 当时的树长得很茂密。地里没人的时候，男子都不敢到沟里去，因为树太密了，走到林子里面让人感到害怕，害怕遇到毒蛇。我记得每年刺槐开花的时候，我们远远地都可以闻到刺槐的花香，刺槐花含蜜量很大，又香又甜。外地的养蜂人会用车拉上几箱蜜蜂到我们村里来采花蜜。当时我们村的树确实种得很好，到20世纪80年代，有的树已经长到大约20厘米粗了。

> ——摘自2016年5月2日对村民张光的访谈

二、严格看护林地

人民公社时期，包括土地、林地在内的很多财产都归集体所有、为集体所用，家庭和个人没有私自占有和使用的权利。这一时期，人们偷砍树木的行为很少见，刺槐树林被砍伐殆尽是在20世纪80年代中后期至20世纪90年代末期的十多年里。人民公社时期，村民不敢偷砍刺槐，主要基于以下两个方面的原因。

第一，人民公社时期，党和国家通过各种形式的教育和宣传，使广大农民的社会主义、集体主义观念不断增强。人民公社将广

---

① 甘肃省甘谷县县志编纂委员会编：《甘谷县志》，中国社会出版社，1999年版，第628页。

大乡村农民组织起来，将农民个体组织在公社里。公社除了组织村民参加集体劳动之外，还通过报告会、广播、板报、标语、歌曲、电影等多种方式，不断加强对村民的思想教育，以提升村民爱国、爱社、爱集体的思想觉悟。作为当时的红旗大队，谢村的集体学习和思想教育在王书记的带领下，一直积极认真地进行着。

> 王书记号召我们白天劳动，晚上学习。我们村一直都有夜校学习班，有的时候要学习两三个小时。我们主要学习毛泽东思想、党的路线方针政策等，也开展批评与自我批评，有时候也唱歌、看电影。晚饭后，队里的大喇叭一喊，大家都集中到一起。总的来说，我们村的学习抓得比较紧。
>
> ——摘自2016年5月12日对村民张有为的访谈

社会主义教育和学习使农民的精神面貌发生了巨大变化。村民的爱国主义、集体主义观念不断增强，形成了一种集体至上的氛围，一切行动都以集体利益为出发点，个人利益服从集体利益。相比之下，家庭和个人"私"的一面被克制或隐藏起来。同时，在干部和群众的批评与自我批评中，一些偏离社会主义、集体主义的小农思想和个体主义行为受到批评和教育，社会风气得到净化。群众有了伸张正义的勇气，在遇到损害集体利益的行为时，敢于站出来批评指正。因此，那时候大部分村民都不会为了自己的私心去拿集体的东西。

> 那个时候人的集体观念强，坏人坏事谁见谁报告。如果有谁偷砍了集体的树，大家一传十，十传百，很快都知道了。大家都觉得这种行为不对。
>
> ——摘自2016年5月2日对村民张光明的访谈

第二，人民公社时期对树林有严格的看护。队里安排了专职的护林员，负责看管树林。那时候的护林员是专职的，生产队给记工分。护林员在看护方面非常负责，没人敢明目张胆地去砍树。为了达到看护效果，队里为护林员在回村必经的路上盖了一个小房子，护林员晚上就住在里面，一旦有人砍树，护林员可以及时发现并制止。

> 人民公社时期有护林员，生产队给记工分、分粮食。村里为护林员在回村的必经之路上盖了一个小房子，晚上护林员就住在里面，如果有人偷树很容易就能发现。这样一来，偷砍树的人就少了。那时候如果偷砍树被抓住了，队上会罚款，罚个五六块，一年的工分就被罚了一半了。还要在集体大会上被批评。我记得当时就有一户人家因为盖房子偷砍树木被抓了，后来在集体大会上被点名批评，所有社员都坐在下面，面子上也不好过。那时候对偷树的惩罚还是很严的。
>
> ——摘自2016年4月28日对村民王全生的访谈

由上可知，人民公社时期，偷砍树木的行为一旦被发现，就可能招致严厉的惩罚。加上护林员的严格看管，使得绝大部分村民都不敢轻易冒险去偷砍集体的树木。树木属于集体财产，集体在必要的时候还是可以砍来使用的。但从总体来看，人民公社时期砍伐树木用于公共设施的情况不多。人民公社时期集中养过一些牲口，有时候会砍少量的树木去修建牲口圈。此外，村里的小学需要增加桌椅的时候也会砍伐一些树木来用，但总体而言砍伐的数量非常有限。所以那时人们能看到村庄四周的沟坡地里刺槐成林、绿树成荫的景象。

三、村庄环境整体改善

综合来看，"梯田—树林—大坝"依地势高低构成了一个理想的水土保持系统。这一系统的形成，对于减缓水土流失，改善村庄环境都起到了显著的作用。在"梯田—树林—大坝"系统形成之前，坡耕地的水土流失非常严重。每当雨季，水流就会带着泥沙从山顶顺着坡耕地，经过村庄，然后再沿着沟坡直接冲到沟底，再与沟底的泥沙一起流进渭河。在这一顺势而下的过程中，水流和泥沙都因缺少拦截而呈加速下冲的趋势。长此以往，山坡地因为跑土、跑水、跑肥而越垦越穷，沟坡地则在泥水的冲击下发生山体垮塌，致使沟更陡、壑更深。这样一来，黄土高原的地形会更加支离破碎，水土流失进一步加剧。而"梯田—树林—大坝"这一系统的形成，对于减缓水土流失具有明显的作用（如图3-3所示）。

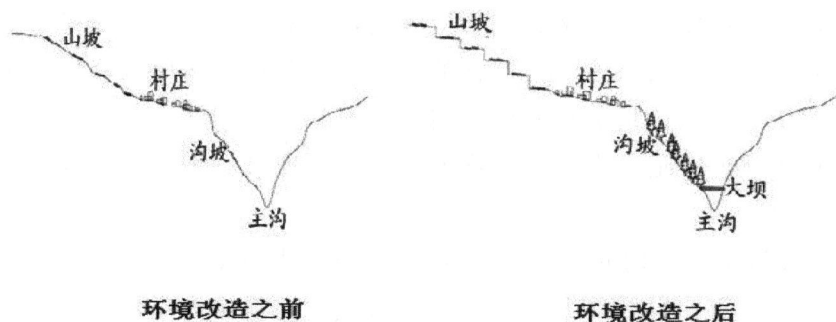

图3-3　村庄环境改造前后对比

首先，当山坡地被修成梯田之后，水和土的流失都大大减少了，这是水土保持的第一道屏障。大部分雨水不再直接沿坡而下，而是落入梯田，被土地吸收并储蓄起来。这一方面减少了地表径流的水势和水量，另一方面也增强了土地的抗旱能力。正如村民所说，修成了梯田的黄土地就像海绵一样，下雨的时候可以把水蓄起来，吸过水的黄土地遇到短期的干旱，就会"天干而地不干"，大大增强抗旱能力。坡地变梯田之后，梯田中的黄土也不会在雨水的侵蚀下顺坡流走，因而黄土的流失量也大大减少了。

其次，沟坡地上的刺槐树林，形成了水土保持的第二道屏障。一方面，在山坡上没有被梯田留蓄下来的水土，沿着地势从高到低流到沟坡时，会被林地截留一部分，水土流失总量进一步减少。而且水流和泥沙经过林地时流速也会降低，不再是直接冲进沟底，从而减轻了对沟底的侵蚀。另一方面，树林本身具有强大的蓄水固土作用。高强度的降雨落到林地时，在林地植被叶面的层层阻挡下，雨水对地面的冲刷强度会大大减弱；而落到地面上的雨水，也会被林草植被的根部吸收储蓄一部分，从而使流失的总量减少。此外，树木的根部延伸到地下，盘根错节形成一张巨大的网，可以有效防止沟坡地的崩塌。

最后，沟底筑起的大坝，具有拦洪减沙的作用，这是水土保持的第三道屏障。从上游流下来的水土，经过大坝的拦截，流速降低，减少了水流对两边沟坡和下游沟底的侵蚀。一部分泥沙在坝后库中沉淀淤积下来，流入下游的泥沙总量就少了。如果每隔一段距离，沟底都能筑起这样的大坝，就犹如在沟底也修筑起了一层层的阶梯，那么最终汇入渭河的泥沙总量势必大大减少。而坝后淤成的平地，在条件允许的情况下，还可以继续开发成肥沃的耕地。

经过这一时期的努力，到20世纪80年代初期，谢村的村庄环境大大改善：山坡地上梯田层层，沟坡地上刺槐成荫，沟底流水潺潺，大坝前一汪水库。靠近村庄的沟坡边有几处泉眼，是村民日常饮水的主要来源，泉眼里常年泉水充沛，水质清澈，村民们随到随取，整个村庄环境得到改善，村民觉得村庄的空气都变得湿润了。

第五节　环境改造:强组织下集体力量的成果

一、人民公社的组织运行机制

人民公社时期，谢村所进行的修建梯田、修筑大坝、植树造林这三大环境改造行为，都是在政府的号召下，通过村干部的积极响应和组织，依靠全体村民的力量完成的。人民公社体制是我国农村社会发展史中具有深远影响的一种制度安排，时过境迁，人们对该体制有了更为客观的分析和评价。人们不仅认识到人民公社体制在生产、分配及管理等方面所存在的效率低下、平均主义、过度集中等问题，同时也肯定了人民公社时期在发展农业生产、改善农村教育、提供社会保障等方面所取得的巨大成绩。[1][2]其中，平整土地、修造梯田、新修水利工程等是人民公社时期改善农业生产条件的重要举措。中国水旱灾害频繁，传统时期分散的农民很难组织和联合起来为改善农业生产条件而共同努力。只有在人民公社时期，党和国家利用其对乡村社会强大的组织和动员能力，在自力更生、艰苦奋斗、愚公移山等精神的鼓舞下，动员集体的力量来承担灌溉、防洪、水土改良等建设项目，而且在集体经济条件下，上述建设工程的利益协调和成本分摊相对容易，管理成本也相对较低。[3]

人民公社时期，依靠集体力量对生产条件的改善是显著的。到 1977 年，全国各地共开掘、兴建人工河近百条、水库七万座。举世瞩目的"人工天河"红旗渠，1969 年全部建成，总干渠长 104

---

[1] 罗平汉:《农村人民公社史》，福州：福建人民出版社，2002 年版。

[2] 辛逸:《实事求是地评价农村人民公社》，《当代世界与社会主义》（双月刊），2001 年第 3 期。

[3] 叶文辉:《农村公共产品供给制度变迁的分析》，《中国经济史研究》，2005 年第 3 期。

里，灌溉面积扩大了 60 万亩。湖北省汉北河也是一条人工河，1970 年竣工，全长 110 多千米，建成后扩大灌溉面积 100 多万亩。这些艰巨的工程和宏伟的业绩，产生了除弊兴利的巨大成效。从 1952 年到 1978 年，农田灌溉面积由 299385 万亩增加到 674475 万亩，增加了 1.25 倍，仅 1971—1975 年，就增加有效灌溉面积 10926 万亩，农业达到每人有一亩以上稳产高产田。[①]只有在社会主义和共产主义理想信念、集体主义精神的支撑下，才能够形成这样长期、巨大的劳动积累，这是人民公社极其宝贵的精神遗产。[②]

人民公社时期，国家之所以能够动员和组织广大的农民群众，共同完成改土造田、新修水利等各项建设工程，与该时期国家对村庄及村民的控制权力密不可分。总体来看，人民公社时期的组织运行机制主要有以下几个方面的特点。

首先，政社合一，统一领导。"人民公社是一个集政治、经济、社会和文化功能为一体的组织体系。它兼具基层行政管理和社会生产管理的双重功能，又是农村基层社区组织。"[③]政社合一的体制使人民公社在权力高度集中的基础上实现了对基层社会的统一领导。"根据《人民公社条例（六十条）》规定，人民公社实行的政社合一体制，是指公社管理委员会，在行政上，就是乡人民委员会（即乡人民政府），受县人民委员会（即县人民政府）和县人民委员会派出机关的领导。"在管理各项具体工作方面，行使乡人民委员会的职权。经济上的集体化、政治上的党政合一以及思想上的高度整合是政社合一生成的主要基础。[④]

经济上的集体化决定了与之相应的政治控制体系。从初级社开始，农村的经济组织就已经具备了一定程度的政治参与功能。

---

① 曹雷：《公有制高绩效论》，上海：上海人民出版社，2013 年版，第 535 页。

② 赵意焕：《中国农村集体经济 70 年的成就与经验》，《毛泽东邓小平理论研究》，2019 年第 7 期。

③ 吴毅：《人民公社时期农村政治稳定形态及其效应：对影响中国现代化进程一项因素的分析》，《天津社会科学》，1997 年第 5 期。

④ 于建嵘：《人民公社的权力结构和乡村秩序》，《衡阳师范学院学报》（社会科学），2001 年第 5 期。

到了高级社，土地等重要的生产资料全都归集体所有，土地分红被取消，与主要的生产和生活资料相分离的农民，对集体的依附关系已经基本形成。人民公社则实现了工农商学兵的结合，超出了单一的经济组织范畴，转而成为经济、文化、政治、军事的统一体，乡一级的政权同公社合二为一。[①]可见，在农村经济集体化的同时，与之相适应的社会政治控制体系也逐渐形成。

政治上的政社合一保证了党对一切事务的统一领导。中华人民共和国成立以后，农村基层党组织的建立和完善，是政社合一、统一领导的政治组织基础。人民公社时期，农村基层党组织从上到下分别为公社党委、生产大队党支部、生产队党小组。公社党委对公社所有事务实行统一领导；大队党支部则在公社党委的领导下，全面负责大队的各项事务；生产队党小组则负责队里的具体事务；各级行政机构都要接受党组织的领导。

思想上通过各种形式的社会主义教育和宣传，使意识形态和价值观念高度整合。社会主义教育使社会主义、爱国主义和集体主义观念在农民心中统一起来。爱国主义教育激发农民将民族自信心和责任感充分运用到集体生产中去。马列主义、毛泽东思想激励人们不断提升思想觉悟。在党和国家的号召下，各地基层干部打破传统思想，敢想敢干，通过树立先进典型，鼓舞群众全身心地投入社会主义建设。

其次，培训乡村干部，实现分级管理。在集体化的进程中，各地政府举办了各种形式的乡村干部培训班。培训班在不同阶段有不同的培训对象、培训内容和培训目的（见表3-1）。培训班呈现出阶段性特征，从互助组时期的社会主义方向教育，到合作社初期的农业生产国家化的平台，再到公社化前后的国家干部的锻造场所。培训班不仅成为基层政府管控乡村社会的日常工作机制，在保障乡村社会改造顺利进行的同时，也成为国家权力日常化的

---

① 孙伟瑄、刘五一、肖星主编：《共和国风云四十年》，北京：中国政法大学出版社，1989年版，第331页。

载体。①

表3-1　集体化进程中乡村干部培训情况

培训阶段	培训对象	培训内容	培训目的
互助组时期	区乡干部、互助组长、生产积极分子、生产能手	学习过渡时期总路线以及与互助合作相关的方针政策；交流互助合作经验；讨论互助合作问题	强化乡村干部和积极分子对社会主义优越性的认识；更好地发挥乡村干部和积极分子在互助合作运动中的示范和引导作用
合作社时期	合作社正副主任、生产队干部	学习全国农业发展纲要；报告合作社发展情况；讨论和解决合作社干部遇到的现实问题；学习先进典型，批评落后思想和行为；汇报及安排合作社具体工作	明确农业生产指标任务，树立增产增收信心；促进农业合作化健康发展；提升乡村干部的思想觉悟；确保国家政策在乡村社会的落实
人民公社时期	生产队主要干部	学习先进典型；批评落后思想和行为；具体的生产和管理技术	实现乡村干部到国家干部的转换；确保国家政策在乡村的实施

　　除了干部培训班，反思错误和消极思想也是集体化时期塑造乡村干部群体的重要机制。对错误和消极思想的反思一方面通过批评与自我批评进行，使乡村干部明确什么是国家鼓励和群众认可的行为，另一方面通过自我剖析和群众讨论实现，使个人行为与国家意识形态联系起来。

　　最后，对村民的积极教育和引导。人民公社时期，国家在各级党组织的领导下，对广大农民的生产生活、思想观念和行为表现等都进行了积极的教育和引导，具体体现在以下几个方面：

---

　　① 满永：《集体化进程中的乡村干部训练：建国后国家权力渗入乡村过程的微观研究》，《当代世界社会主义问题》，2013年第4期。

（1）体制上的引导。"三级所有，队为基础"的人民公社体制，将农民组织到"国家—公社—个人"的体系之中，每个村民都是集体的一员，由集体统一领导、统一安排和统一指挥。（2）思想上的教育和引导。对村民进行思想上的教育和引导，宣传社会主义、集体主义价值观念。同时，对一些偏离社会主义方向、损害集体利益的思想和行为进行引导，使其回归到正确的路线上来。（3）先进榜样的引领。在学习"农业学大寨"的过程中，树立各种先进典型，号召村民学习榜样所代表的爱国家、爱集体、团结互助、自力更生、艰苦奋斗的真干、实干和苦干精神。

在上述一系列组织运行机制之下，人民公社时期，国家对广大村民具有强大的组织和动员能力。正是在这种强大的组织和动员能力的保障之下，人民公社时期的乡村能够在生产、生活和技术条件都十分有限的情况下，主要依赖村民的体力付出，建设了大量的梯田、水利灌溉系统等农村公共产品，在极大改善了生产条件的同时，也改变了人们的生存环境。

二、强组织下的集体动员优势

人民公社时期，在国家的强力组织下，集体对村庄的整合能力以及对劳动力的调配能力，都达到了前所未有的高度。集体时期公社及村庄的组织优势主要体现在以下几个方面：一是政社合一的政治体制保障了公社对经济的控制，是公社集中使用和统一调配资金、物资等各种资源的基础。二是在工分制的分配方式下，村庄可以根据建设需要来决定公共基金的提取比例，这样的资金筹措方式对于公共工程的建设而言不仅高效，而且具有间接性和隐蔽性。三是在集体劳动的生产方式下，生产队可以对每个劳动力每一天的具体活动进行统一安排。正是在上述组织优势的保障下，谢村在人民公社时期顺利完成了修梯田、筑大坝、植树造林等环境改造工程。谢村在一系列环境改造工程中所需的农具、水泥、管道、机电等设备和物资，均由公社提供；村民在农忙时种地，农闲时修梯田、筑大坝，都是以工分制下的集体劳动体制为基础的。

与公社所提供的资金、物质等方面的支持相比，村民集体力量的发挥是谢村完成三大环境改造工程的最重要基础。在物资相对匮乏的人民公社时期，很多农田基本建设工程的实施，都是以集体利益高于个人利益为出发点，依赖劳动力的大量投入而得以完成的。集体对劳动力的组织和动员优势主要体现在以下方面。

第一，以工分制为基础的劳动统计和分配制度，将农民调动到集体安排的各项生产活动之中。工分是人民公社时期计算社员工作量和进行劳动报酬分配的依据，旨在激励村民参与集体劳动。工分的计算方法主要有"死分死记""死分活评"和"大寨式工分"三种形式。"死分死记"是按照社员的底分和出勤情况计分，标准统一，操作简单，但只统计社员的劳动时间而不考察社员的劳动质量，社员可能出现出勤不出力的情况。"死分活评"是根据出勤情况与劳动质量双重标准计分，既考察劳动时间又考察劳动质量，但过程复杂，时间和人力成本较高。"大寨式工分"则主要通过思想教育激发社员对集体劳动的生产积极性，以达到提高效率的目的，但主观性较强，评价尺度模糊，激励效果有限。

总体来看，工分制的主要目的是激励社员参与集体劳动的热情。虽然每种方法在考察劳动质量方面都存在不足，但无论哪种计分方法，出勤都是最为基本的。从谢村来看，修梯田、筑大坝是苦活、累活，一小部分村民虽然在思想上有所动摇，但为了挣足够多的工分，也会参与集体安排的这些活动。

第二，持续开展的社会主义教育运动，在一定程度上克服了集体行动中的"搭便车"行为。任何大的集体行动都不可避免地受到"搭便车"问题的困扰，而意识形态则可以在一定程度上克服"搭便车"问题。在"农业学大寨"的过程中，农田基本建设已经发展成一场全国性的运动。谢村梯田和大坝的修建，是在驻村干部、村内党员以及村民积极分子的带头下完成的。一系列社会主义教育运动强化了村民对集体主义意识形态的认同，国家利益高于地方利益、集体利益高于个人利益的观念深入人心。因此，虽然在集体行动的过程中，一小部分村民或多或少地存在着偷懒、磨洋工等情况，但仍然有很多村民的劳动热情和革命奉献精神等在集体行动中被激发和调动起来。正是在这些精神的支持下，谢村村民能够发挥集体力量的优势，较好地完成一系列环境改造工程。

总而言之，在国家对村庄及村民强大的组织和动员能力的保障下，村民集体力量的发挥是谢村顺利完成一系列环境改造工程的重要基础。

如前所述，谢村的三大环境改造工程，都是在"农业学大寨"的社会背景下，为了改善农业生产条件、提高粮食产量而进行的，而减缓水土流失、改善村庄环境则成了附带性的成果。因此，谢村的大部分村民站在"生活者"的角度，往往只是注意到了梯田在保土保水保墒、提高粮食产量等方面的显著作用，而对于植树造林的生态意义以及大坝的防洪减沙作用，则缺乏足够的认识。

然而，在黄土高原这片特殊的土地上，环境问题与农业发展问题是紧密交织在一起的。在脆弱的生态环境下，农业生产条件极其恶劣，导致人们的物质需求长期得不到满足，生活因此陷于贫穷。为了满足不断增长的物质生活所需，人们只能不断地垦辟新地，而在垦辟新地的过程中，林草植被遭到了破坏。林草植被的破坏加剧了生态环境的恶化，长此以往便形成了一种生态与生产交织的恶性循环。因此，如何在改善环境的同时发展生产或者在发展生产的同时保持环境，一直是黄土高原地区在发展过程中面临的一大难题。从这一角度来看，人民公社时期所进行的修梯田、筑大坝、植树造林等环境改造行为正好解决了这一难题。如前所述，这些环境改造工程不仅改善了农业生产条件，提高了土地产出，而且"梯田—树林—大坝"依地势高低形成了一个相对完整的水土保持系统，同时也达到了改善环境的目的。但村民在这一过程中，却只是将注意力放在这些工程对农业生产的改善方面，忽略了其水土保持的环境效果，而这种忽略为他们之后的破坏植被行为埋下了隐患。

第四章　资源过度开发

　　林草植被不断遭到破坏，是黄土高原环境恶化的重要原因。虽然环境变化是在一个较大的空间范围内、经历一段较长的时间而表现出来的后果，但大范围内的环境质变却是由无数小范围内的环境量变积累而成的。如第三章所述，谢村在人民公社时期利用沟坡地植树造林，并安排专职护林员进行看护，到20世纪80年代，刺槐已经长大成林。树木对于涵养水分、保持水土、改善村庄环境起到了积极的作用。然而，从20世纪80年代中后期开始，村民为满足建材和薪柴需求，逐渐将树木砍伐殆尽。植被破坏行为与日趋暖干的气候交织在一起，使村民感觉到生存环境日益恶化，生活用水日趋紧张。本章通过对谢村林地不断遭到砍伐的过程进行分析，阐释20世纪80年代谢村村民对环境资源的过度开发行为及其后果。

第一节　家庭联产承包责任制与农村经济发展

一、家庭联产承包责任制的实施

　　1978年12月，党的十一届三中全会以后，广大农民从当地的实际情况出发，开始主动探索不同形式的农业生产责任制。其中，以安徽省凤阳县小岗村为典型代表的包干到户①改革试验证明，独立经营、自负盈亏的承包生产责任制更能调动广大农民的生产积极性，农业产量也显著提高。在小岗村的影响下，全国各地很快掀起了农业生产责任制改革的浪潮。

1980 年，邓小平等在党中央召开的经济发展长期规划会议上提出，在内蒙古、甘肃、云南、贵州等省份的一些贫困农村实行包产到户。之后，包产到户在经济不发达的地区迅速发展起来并且获得丰收。1982 年，中共中央批转《全国农村工作会议纪要》之后，以包产到户和包干到户即"双包"为主的农业生产责任制在全国范围内全面发展，到 1982 年 6 月，全国农村实行"双包"的生产队已达 71.9%。1983 年中央 1 号文件将以"双包"为主的各种农业生产责任制统称为家庭联产承包责任制，肯定其为我国农民伟大的创造。1983 年，全国农村"双包"到户的比例达 95% 以上。②1984 年，以大包干为主的承包责任制向林、牧、渔、副、工等领域全面发展，从此，农村经济进入一个崭新的发展阶段。

甘谷县地处"苦甲天下"的陇中黄土高原地区，经济发展相对落后，是尝试承包责任制相对较早的地区。1979 年春季，甘谷县就有 467 个生产队实行了"三定一奖"联产承包到组的责任制，同时有 105 个生产队实行了远山薄地包产到户，127 个队实行全部土地包产到户。到 1980 年 10 月，有 2286 个生产队实行了各种形式的包产到户，占总队数的 98.97%。1981 年，全县 1984 个生产队实行了"大包干"到户，其他各种形式的责任制也全部改为"大包干"。③"大包干"

---

① 包干到户是家庭联产承包责任制的主要形式之一。在包干到户制度下，土地所有权归国家所有，农民享有土地经营权，农户自主安排各项生产活动，收获后的产品除了完成各项上交任务外，其余都归农户所有。相比之下，包产到户是指分配权权仍由集体行使，农民将收获后的全部或部分产品上交给集体，由集体根据承包任务的完成情况来进行分配。

② 陈吉元、陈家骥、杨勋主编：《中国农村经济社会变迁（1949—1989）》，太原：山西经济出版社，1993 年版，第 492—500 页。

③ 甘肃省甘谷县县志编纂委员会编：《甘谷县志》，北京：中国社会出版社，1999 年版，第 135 页。

是指在土地公有制不变的前提下，生产队将耕地按家庭人口划分到户，耕畜、大中小型农机具、作坊、林木果园实行专业承包或变价给社员；固定资产、公共建筑、水利设施由大队管理；公共积累归大队所有。"大包干"采取家庭经营为主体，统分结合的双层经营管理体制，即家庭联产承包经营责任制。

1978 年之前，谢村大队分为两个生产队：上队和下队，划分的依据主要是地势的高低，村庄西北地势稍高的一片为上队，村庄东南地势稍低的一片则为下队。为了方便生产队的集体生产，大队将土地分为两大块，分别归属上队和下队。上队和下队的人口数量基本平衡，所以分到的土地数量也大致相当。1978 年，谢村将两个生产队分成了四个生产队：1 队、2 队、3 队、4 队，此时生产队的划分是以抽签的方式来决定的，即每个家庭派一个代表参加抽签，抽到哪一个数字就被划归为哪一个生产队。分成 4 个生产队以后，大队的土地进一步被分成了 4 个部分。

1980 年，谢村实行家庭联产承包责任制。这一年，谢村将集体所有的土地按人口承包到了每个家庭。此时，谢村大约有 600 人，人均分到近 2 亩地。土地承包到户的时候，每一个生产队按照肥沃程度、交通便利程度等标准将土地划分为不同的等级，然后再平均分配到个人。之前以生产队为整体的大块土地在此时就被零散地承包到了各家各户。1984 年，考虑到人口的增减，谢村的生产队又进行了一次土地调整。在这次调整中，新增人口按每对夫妇可以生两个孩子的标准解决土地；去世人口的土地要收回；已经出嫁的女儿的土地也要收回；新嫁进来的人则要分给土地。1984 年是谢村最后一次调整土地。

1980 年，土地承包到户时，谢村的林地和荒地仍归集体所有。1978 年，谢村大队分为四个生产小队的时候，林地也相应地被分为四个部分，分属于四个生产队看管。实施承包责任制之后，因为林地仍属集体所有，所以护林员制度就被延续了下来。每个小队继续安排一个护林员，负责林地的看护和管理。此时，林地虽然仍属集体所有，但是个体已经不再专职为集体而劳动了，护林员成为一份兼职的工作，大队利用预留下来的机动地，给每个护林员多分了2亩土地作为报酬。护林员的主要职责是看管林地，不让人偷砍树木。然而，自人民公社解体之后，护林员逐渐成为"稻草人"，谢村的林木也逐渐被人们砍伐殆尽。

二、农村经济发展

家庭联产承包责任制使个人的付出与收入直接挂钩，农民的积极性被充分调动起来，农村生产力得到了前所未有的解放。各家各户都想尽办法提高家庭经济收入，人们在铆足干劲经营好承包土地的同时，也逐渐发展起家庭副业，农闲时外出务工的人数逐渐增多。20世纪80年代以后，农民的经济收入和生活水平都有了较大幅度的提高。

从农业生产的发展来看，1980—1985年，随着经济责任制的落实，全国农业生产取得了突破性进展。1985年农业总产值（包括村及村以下工业）达3873亿元，按可比价格计算，比1980年增长74.2%，平均每年增长11.7%，大大超过前28年平均每年增长3.5%的速度。粮食产量在1980—1985年平均每年增产1171万吨，平均每年增长3.4%，超过了前28年平均每年增产559万吨的数量和平均每年增长2.4%的速度。[①]1986—1990年，全国农业经济在曲折中进一步发展。1990年，农业总产值达7382亿元，比1985年增长25.3%，平均每年增长4.6%。[②]1991—1995年，全国农村经济继续全面发展。1995年，农林牧渔业总产值为20341亿元，按可比价格计算，比1990年增长42.7%，年平均增长速度达7.3%。其中，农业产值达11885亿元，增长23.3%。[③]1996—2000年，全国农业经济发展速度有所减缓。整个"九五"时期粮食产量比"八五"时期累

---

① 国家统计局编：《"六五"期间国民经济和社会发展概况》，北京：中国统计出版社，1986年版，第24—25页。

② 国家统计局编：《"七五"时期国民经济和社会发展概况》，北京：中国统计出版社，1991年版，第39—40页。

③ 国家统计局编：《'96中国发展报告：中国的"八五"》，北京：中国统计出版社，1996年版，第111页。

计增加 23541 万吨，平均每年增加 4708 万吨，国家储备量达到历史最高水平。①

在农业生产不断发展的过程中，我国农业内部的比例不断改善，农业产值占农林牧渔业总产值的比例不断下降，林牧渔业产值所占的比例不断提高。1980 年，农业所占比例为 75.6%，1985 年下降到 69.2%；林牧渔业所占的比例则由 24.4% 上升到 30.8%。1990 年，农业占比下降到 64.7%，林牧渔业占比则提高到 35.3%。1990 年以后，农业占比进一步下降，林牧渔业所占的比例继续上升，到 2000 年，农业占比下降到 55.7%，林牧渔业占比则上升到 44.3%（见表 4-1）。②

表4-1　1980—2000年部分年份全国农业发展及农民收入情况

年份	农林牧渔业总产值/亿元	农业所占比例	林牧渔业所占比例	农民人均纯收入/元	农民人均非农业收入/元	农民人均非农业收入占人均纯收入的比例
1980	1922.6	75.6%	24.4%	191.3	16.8	8.8%
1985	3619.5	69.2%	30.8%	397.6	104.3	26.2%
1990	7662.1	64.7%	35.3%	686.3	201.3	29.3%
1995	20340.9	58.4%	41.6%	1577.7	523.0	33.1%
2000	24915.8	55.7%	44.3%	2253.4	1038.9	46.1%

注：农民人均非农业收入=工资性收入+（家庭经营纯收入-农业收入-林业收入-牧业收入-渔业收入）。

随着农业生产的不断发展，农民的收入水平快速提高。从全国农民人均纯收入来看，1985 年为 397.6 元，比 1980 年增长 107.8%；1990 年为 686.3 元，比 1985 年增长 72.6%；1995 年增加到

①国家统计局编：《2001 中国发展报告：中国的"九五"》，北京：中国统计出版社，2001 年版，第 67 页。

②数据以国家统计局官网公布的中国统计年鉴（1999 年、2000 年、2001 年）为基础计算得出。

1577.7元，比1990年增加129.9%；2000年达2253.4元，比1995年增长42.8%（见表4-1）。

在农民人均纯收入不断提高的过程中，非农业收入所占的比重不断增加。1980年，我国农民人均非农业收入为16.8元，占农民人均纯收入的8.8%；1985年为104.3元，占农民人均纯收入的26.2%；1990年达201.3元，占农民人均纯收入的29.3%；1995年增加到523.0元，占农民人均纯收入的33.1%；2000年进一步增加到1038.9元，占农民人均纯收入的46.1%（见表4-1）。

非农业收入比例的不断增加，源于务工经济的不断发展。20世纪80年代是我国农村劳动力开始走出家乡、逐渐向外流动的时期。实施家庭联产承包责任制以后，农民可以灵活自由地安排劳动力的投入。与此同时，城市经济快速发展，对劳动力的需求日益增加；再加上城乡二元结构的不断松动，国家对农民流动的限制逐渐放宽。在上述背景下，中国农村开启了向流动社会转型的序幕。但总体来看，20世纪80年代农民的经济收入仍然以农业收入为主。

在全国经济快速发展的大背景下，甘谷县的农村经济也有了长足进步，农民的收入水平不断提高。1980年，甘谷县的农业总产值为4210.4万元，到1990年增长到17874.1万元，到2000年进一步增加到33568.4万元。在农业总产值不断增长的过程中，农业内部结构不断调整和完善。其中，种植业一直是甘谷农业的重要组成部分，其占农业总产值的比例在波动中有所下降。1980年，种植业占农业总产值的比例为80.6%，1990年下降到59.9%。之后又逐渐上升，到2000年为76.7%。另外，随着农业的不断发展，粮食亩产量逐渐提高，粮食播种面积比例逐渐下降，油料、经济作物比例逐渐上升。就畜牧业而言，1980年，畜牧业在农业总产值中所占的比例为8.7%，到1985年增长到15.3%，1990年进一步增加到24.6%，1995年为24.8%，之后有所下降，到2000年为17.9%。可见，1985—1995年是甘谷县畜牧业快速发展的十年。畜牧业的快速发展，源于家庭养殖规模的不断扩大以及专业养殖户的不断增多。农民人均纯收入的不断提高，是农村经济发展的最直接体现。1980年甘谷县农民人均纯收入为38.1元，1990年增加到430.1元，2000年进一步增加到982.0元，二十年间增长近25倍（见表4-2）。

表4-2　1980—2000年部分年份甘谷县农业发展及农民收入情况[1]

年份	农业总产值/万元	种植业所占比例	林业所占比例	畜牧业所占比例	副业所占比例	渔业所占比例	农民人均纯收入/元
1980	4210.4	80.6%	5.5%	8.7%	5.1%	0.05%	38.1
1985	7622.9	54.6%	6.4%	15.3%	——	0.05%	189.3
1990	17874.1	59.9%	3.0%	24.6%	12.3%	0.10%	430.1
1995	20346.9	71.3%	3.7%	24.8%	——	0.17%	905.0
2000	33568.4	76.7%	4.9%	17.9%	——	0.42%	982.0

从谢村来看，实施家庭联产承包责任制之后，人们通过自己的辛勤劳动，逐渐过上了丰衣足食的日子。各家各户在自己的责任地里精耕细作，人民公社时期人们用汗水修造的梯田的优势被充分发挥出来，加上风调雨顺，20世纪80年代中期之前基本没有出现特别干旱的情况，所以粮食产量持续稳产高产，人们的温饱问题基本得到解决。在解决温饱的基础上，村民还通过各种途径来增加自己的经济收入：在农业上逐渐提高经济作物的比例，在副业上则发展起家庭养殖。此外，家里的男性劳动力还利用农闲时节，到铁路、公路等工地打零工。如此一来，村民的家庭经济收入不断增加，生活水平逐渐提高。

---

① 数据来源于甘谷县统计年鉴。

第二节　伐林建房

一、建房热潮

随着农村经济的快速发展，村民改善和提高生活水平的愿望日益强烈。在众多改善生活条件的举措中，建房成为这一时期大部分农民家庭的选择。20世纪80—90年代的中国农村，掀起了一股建房热潮。这股建房热潮的兴起，一方面源于村民家庭经济收入的提高，另一方面则来自家庭成员增多对住房的迫切需求。

如前所述，林草植被的不断破坏导致大量黄土裸露，这是黄土高原地区水土流失不断加剧、生态环境日趋恶化的重要原因。人们对林草植被的破坏主要有以下三个方面的原因：一是为了开垦农田；二是为了营建房屋、修造舟桥等；三是为了烧饭、取暖、烧窑、冶炼等。可见，除了毁林开荒扩大农耕范围之外，对建材以及薪柴的需求也是造成林草植被破坏的重要原因。20世纪80—90年代，谢村村民对林地的滥砍行为，正是在日益增长的人口压力之下，人们为了满足对建材和薪柴的需求而发生的。

1949年至20世纪80年代末，我国人口在经历了几次生育高峰之后急剧增长。1952年，我国人口数量为5.7亿多，到1990年，全国总人口已达11.4亿多[①]，即在这几十年里，我国人口增加了5.7亿。曲格平等在分析中国人口发展趋势的时候，将1949年至1990年期间的人口发展过程划分为五个阶段。1949—1957年，为第一个人口增长高峰期。在这期间，人口死亡率从1949年的20.0‰下降到1957年的10.8‰，人口出生率在1949—1954年则一直保持在37‰以上，1955—1957年也在30‰以上，全国人口净增1.05亿人。1958—1961年，人口出生率锐减，同时人口死亡率骤增，是1949年以来中国人口增长的唯一一个低谷期。1962—1972年，是第二

---

① 数据来源于国家统计局官网公布的中国统计年鉴（1999年）。

个人口增长高峰期。这一时期，全国平均人口自然增长率达26‰，平均每年新出生的人口约2500万，全国人口净增近2亿人。1973—1984年，为人口增长得到有效控制的时期。这一阶段，全国人口净增1.4亿人，是1949年以来人口增长较少的时期。1985—1990年，是人口自然增长明显回升阶段。[①]

甘谷县的人口增长趋势总体上与全国人口增长趋势相一致。从人口总量来看，1949年甘谷县总人口为220559人；1954年第一次人口普查时，总人口为272142人；1964年第二次人口普查时，总人口为262313人；1982年第三次人口普查时，增加到427520人；至1990年底，全县人口达到492989人（见表4-3）。即从1949年到1990年，全县人口净增272430人，增长率为123.5%，高于全国同期111.1%的人口增长率。

表4-3　1949—1990年甘谷县人口[②]

年份	人口/人	年份	人口/人	年份	人口/人
1949	220559	1963	256796	1977	390415
1950	248339	1964	262313	1978	396943
1951	249444	1965	272413	1979	403146
1952	253767	1966	283665	1980	411722
1953	265889	1967	294709	1981	419625
1954	272142	1968	305443	1982	427520
1955	273483	1969	319368	1983	435435
1956	278485	1970	332030	1984	443294
1957	285348	1971	341749	1985	449003
1958	285042	1972	352228	1986	455436
1959	264819	1973	363691	1987	463634
1960	245640	1974	372656	1988	471690
1961	250732	1975	379651	1989	481248
1962	252294	1976	385235	1990	492989

---

① 曲格平、李金昌：《中国人口与环境》，北京：中国环境科学出版社，1992年版，第27—28页。

② 甘肃省甘谷县县志编纂委员会编：《甘谷县志》，北京：中国社会出版社，1999年版，第103—104页。

从人口增长趋势来看，1950—1957 年为甘谷县第一次人口增长高峰期，其人口出生率达 35.65‰，平均死亡率为 15.7‰，年平均自然增长率为 19.92‰。1958—1961 年是甘谷县人口增长的低谷期，出生率下降为 23.25‰。1962—1971 年是甘谷县人口增长的第二次高峰期，年平均出生率为 37.29‰，平均自然增长率为 28.89‰。1972 年之后，由于计划生育工作的逐步开展，人口增长得到一定程度的控制。[1]20 世纪 80 年代甘谷县人口平稳增长，20 世纪 90 年代初期又出现一次人口增长高峰。20 世纪 90 年代中后期以后，人口增长速度在波动中逐渐减缓。

从人口密度来看，1949 年后甘谷县的人口密度不仅一直高于全国同期人口密度，也是甘肃省人口最为稠密的地区之一。从 1950 年到 1993 年，甘谷县的人口密度从 158 人每平方千米增加到 330 人每平方千米[2]，40 多年间增加了 1.09 倍。而这期间在整个甘肃省，人口密度超过 300 人每平方千米的就只有临夏市城区、兰州市城区、广河县、甘谷县、西峰市（现西峰区）城区和秦安县这六个地区[3]，甘谷县位居其中，由此可见甘谷县的人口密度之大。从县内人口分布来看，川区高于北山区，北山区高于南山区，本研究的案例村谢村则位于人口密度较大的北山区。

伴随人口的急剧增长和农村经济的快速发展，20 世纪 80—90 年代的中国农村掀起了一股建房热潮。在 20 世纪 50 年代和 20 世纪 60 年代的两次人口增长高峰期出生的这些人，到 20 世纪 80 年代中后期正值青壮年，他们中的一部分人已经结婚生子，一部分人正打算结婚生子。已经结婚生子的人，面临分家，而分家则意味着需要建造独立的住房；打算结婚生子的人，即使不重新建房，大

①甘肃省甘谷县县志编纂委员会编：《甘谷县志》，北京：中国社会出版社，1999 年版，第 103 页。

②1950 年的人口密度数据来源于甘肃省甘谷县县志编纂委员会编：《甘谷县志》，北京：中国社会出版社，1999 年版，第 105 页。1993 年的人口密度数据来源于甘谷统计年鉴（1994 年）。

③闵霄、张永忠：《甘肃省人口分布及 GDP 时空演变与相关关系研究》，《测绘与空间地理信息》，2017 年第 10 期。

多也会将家里原来的房子修缮一新。因此，与20世纪50—70年代的人口增长高峰期相对应，20世纪80年代中后期出现了一个住房需求的高峰期。

我们进一步从甘谷县在1949年后农户总人口数与农户总户数之间的变化趋势来分析家庭分化的趋势。总体来看，1949年以后甘谷县农户总户数随着农户总人口数的增加而不断增多。具体来看，1985—1990年，农户总人数的增长率为9.1%，而农户总户数的增长率则为17.8%，是农户总人数增长率的近2倍，这说明农户总户数的增加速度远远高于农户总人口的增长速度，家庭分化趋势明显（见表4-4）。

表4-4　1950—1990年部分年份甘谷县农户总人口数、农户总户数[①]

年份	农户总人口数/人	增长率/%	农户总户数/户	增长率/%
1950	240313	——	40449	——
1955	260519	8.4	47612	17.7
1960	229640	-11.9	51974	9.2
1965	259988	13.2	54352	4.6
1970	318500	22.5	61600	13.3
1975	364849	14.6	67241	9.2
1980	394258	8.1	72282	7.5
1985	427227	8.4	78423	8.5
1990	466207	9.1	92390	17.8

20世纪80年代家庭联产承包责任制实施后，已婚年轻夫妇从主干家庭中分离出来，成为家庭规模逐渐缩小的重要因素。在人民公社时期，土地归集体所有，家庭人口与土地之间没有直接的联系。每个劳动力通过工分获得粮食和收入，虽然能够满足基本生活需求，但经济剩余有限。因此，尽管年轻夫妇有分家单过的想法，但缺乏相应的经济基础。随着家庭联产承包责任制的推行，

①数据来源于甘肃省甘谷县县志编纂委员会编：《甘谷县志》，北京：中国社会出版社，1999年版，第104页。增长率依据表中数据计算所得。

家庭人口数量与土地数量之间的关系变得更加紧密，家庭经济收入也与劳动付出直接相关。这使得年轻、负担较轻的夫妇分家单过的意愿日益增强。同时，家庭收入的增加为分家提供了经济支持，促使年轻夫妇从传统大家庭中独立出来，形成独立的经济单位，成为一种普遍趋势。在这一背景下，核心家庭数量逐渐增加，家庭规模日益缩小。分家意味着需要独立的住房，因此，新建住房成为一种普遍需求。此外，许多年轻人正处于结婚的年龄，虽然可能不会立刻分家，但为了结婚，许多人要对原有住房进行修缮。

综上所述，实施家庭联产承包责任制之后的 20 世纪 80—90 年代，正值住房需求高峰期。这一时期的谢村，也出现了一个因结婚、分家而兴建或修缮住房的高峰期。建房需要木材，而集体时期栽种的树木正好长大成林，于是村民为了满足日益增长的建材所需而开始砍伐树林。

二、木材需求增加

1949 年前，谢村的住房以简易窑洞为主。从陡直的黄土崖壁向里挖进去，就是窑洞的主体，然后再向两边拓展，可以做"卧室"，有的房子则由并排的几个窑洞组成。在窑洞的前面，再用较少的木材搭上架子，架子上盖些柴草，就成了一个简易的"屋檐"。窑洞所用的木材较少，而且对木材的要求也不高。

人民公社时期，逐渐有了土木结构的房子。但受制于当时的经济发展水平，土木房子小而简陋，所需的木材量也不多，主要从外地市场购买。因此，总体来看，20 世纪 80 年代之前谢村村民对建房木材的需求总量不多。

　　1949 年之前，大家主要住窑洞，建窑洞基本不需要什么木材。人民公社时期盖的房子较简陋，需要的木材也比较少。有的人家用的是房前屋后的椿树、榆树，有的是从外面买回来的白杨树等，也有人从县城买松木。比如我家五太爷的老祖房，用的木料就是从渭河上游流下来的。刚刚分田到户的时候，人们经济都不宽裕，为了省钱，用过刺槐。再之后，人们对房子的要求越来越高，建房子基本上都用松木了。

——摘自2016年5月6日对文老师的访谈

20世纪80年代以后，谢村兴建的房子大都是土木结构的。土木结构的房子，用木材做骨架，用黄土做墙体。将黄土掺上麦壳搅拌均匀之后，放在模子里一层层夯实，就成了墙体。黄土做的房子，其后墙的厚度可达70厘米，比一般的砖墙要厚很多，厚实的黄土墙在西北漫长的冬季可以达到较好的防寒保暖效果（如图4-1所示）。黄土和麦壳都可以就地取材，既方便又节省成本。

图4-1　谢村村民的房子（笔者摄于2016年5月）

土木结构的房子中，栅柱、椽子和檩子都需要用到木材（如图4-2所示）。谢村的住房，一般分为主房、偏房和开房。主房即正房，是中间没有隔墙的3间，一间为一张大炕，另外两间则放有柜子、沙发等家具，做客厅。主房的两侧是4间偏房，一边的两间做厨房，另一边的两间则是住房。一般家庭建房子的时候，会首先将主房和偏房（加起来一共7间）建起来，如果家中人口较多，也有经济实力，则会再建开房。开房一般是独立的3间房子，格局如主房，只是比主房稍微小一点。

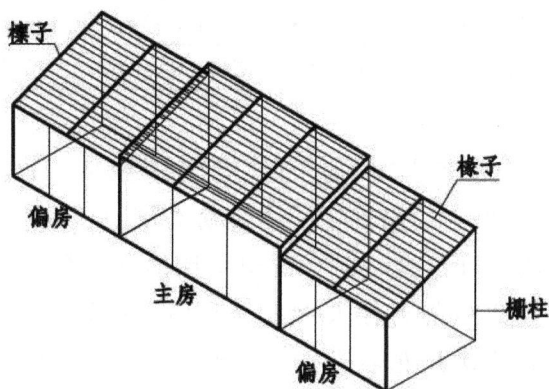

图4-2　土木房子的木材结构图

栅柱竖立在墙体之中，对墙体起到支撑作用。栅柱因为嵌在墙体里面，所以对美观的要求不高，所用的木材只要材质坚硬且长度足够就可以了，建3间主房和4间偏房一共需要22根栅柱（偏房与主房的高度不同，所以墙体相邻的地方不能共用栅柱）。檩子架在前墙和后墙之间，是房顶的主要支柱。建3间主房和4间偏房一共需要10根檩子。檩子裸露在外，是整个房子美观和气派的彰显，因此建房时对檩子所用的木材要求较高。好材质的檩子粗大、笔直、结实且质量较轻。谢村在2000年以后新建的住房大多数檩子都用的松木，粗壮、笔直、油亮的黄色松木架在房顶，使整个房子增色不少。如果用脊柱来比喻檩子，那么椽子就相当于肋骨。椽子一般长2米，比檩子要细，一根根整齐地排在两根檩子中间。一般情况下，一排椽子对应村民所说的一间屋子，比如3间主房就有3排椽子，一排椽子的数量有十几根。椽子所需的数量较多，建7间房（加上屋檐所需的椽子）大约需要110根椽子。总体来看，修建7间土木结构的房子所需的木材如表4-5所示。

表4-5 修建7间土木结构的房子所需的木材数量及要求

名称	数量	要求
栅柱	22根左右	除了结实，高度够用之外，对美观要求不高
檩子	10根左右	粗壮，笔直，结实，材质轻，美观
椽子	110根左右	比檩子细，一般长4米，从中间对半锯成2米来使用

以上是一个家庭建7间房子所需的木材数量。如前所述，谢村在20世纪80—90年代出现了一个建房高潮。因为时间较为久远，所以已经无法统计出这一时期所建房屋的具体数量，但是根据村中在这一时期出生的男性人口数，我们可以做一个大致的推算。谢村2016年合作医疗花名册显示，出生时间在1950—1970年的户主大约有76户，如果按其中的二分之一（38户）在20世纪80年代建了7间土木结构的新房来估算，那么全村此时修建新房所需的木材约为：栅柱836根，檩子380根，椽子4180根。

除了住房，修建猪圈、羊圈等牲畜圈棚也需要不少木材。在人民公社时期，家庭养殖受到了诸多限制。一方面，由于粮食生产不足，在当时的生产力水平下，村民从集体分得的粮食往往只能维持家庭成员的基本生活，缺乏足够的余粮用于发展家庭养殖。另一方面，政策上的限制也对家庭养殖产生了影响。在此背景下，村民家庭除了饲养少量的鸡鸭等小家禽以改善生活外，耕地所需的骡马等大牲畜则主要由集体进行集中养殖。由于家庭养殖的规模十分有限，许多村民也未建造相应的牲口圈棚。实施家庭联产承包责任制之后，在经济方面，随着粮食产量的逐渐提高，家庭粮食剩余逐渐增多；在政策方面，国家也鼓励村民发展家庭副业以提高经济收入；在生产方面，以家庭为单位的生产需要农户有自己的耕畜。因此，这一时期农村的家庭养殖业快速发展起来，谢村的牲畜数量多了起来。为了发展家庭养殖，很多村民在这一时期先后盖起了猪圈、羊圈等牲畜圈棚。而修建牲畜圈棚需要不少木材，且对木材的要求不高。

土地承包到户之后，家里的牲口慢慢多了起来。牲口也需要地方住，于是就要盖牲口圈棚。牲口主要是牛、驴、马、骡子，用来耕地。人民公社时期，牲口是集中在村里饲养的，家里一般只养几只鸡。土地承包到户以后，牲口开始由各家各户自行饲养，有的几户联合饲养，有的则由一家独自饲养。所以，那时候几乎家家户户都盖起了牲口圈棚。除了牲口圈棚，每户还需建一间柴房，这些都需要木材。此外，做家具也需要木材，比如门、柜子、炕上的木头等。

——摘自2016年5月2日对村民张光明的访谈

综上所述，谢村村民在20世纪80年代以后，因为修建住房、牲口圈棚、柴房以及做家具、农具等对木材有了大量的需求。

三、偷砍树木

建房所需的木材从何而来呢？人民公社后期，沟坡地的刺槐逐渐成林，但因为有护林员的严格看护，村民不敢随意砍伐，此时建房所需的木材只能从市场购买。然而，20世纪80年代以后，情况逐渐发生了变化。由于盖房所需的木材量较大，如果全部从市场购买的话，将是一笔不小的开销。此时村民的家庭收入与人民公社时期相比，虽然有了较大幅度的提高，但总体来看还未达到富裕的程度，因此在建房过程中，村民往往会想办法尽量节省开支。此时，谢村在人民公社时期种植的刺槐，经过近20年的生长，已经成为十多米高的大树。建房需要木材，而村里的沟坡地里正好长满了树木，于是一些村民开始有了砍树的主意。

刺槐虽然比不上松木的笔直和美观，但其材质坚固，可以用来替代一部分松木。因此，当时一部分村民为了节省建房成本，除了檩子和主房的椽子用材质较好的松木之外，栅柱和偏房的椽子则都采用刺槐木料，而盖牲口圈棚和柴房所需的木材则全部使用刺槐。

那个年代，人们手里其实没有多少钱，但房子得盖啊。所以，很多人想着用刺槐木料来替代松木，这样可以省不少钱。松木椽子那时候是十几块钱一根，按这个价格来算，盖7间房子买木材要2000多块钱。如果用刺槐木料替代一部分，至少能节省一半的钱。还有很多人用刺槐建了羊圈、猪圈、柴房和厕所。我记得20世纪80年代末，我们村里查过一次偷砍树木的人，逐家逐户地检查。那时候就传出了所谓"洋圈""洋房"。"洋圈"是用刺槐修建的猪圈、牲口圈等，"洋房"是用刺槐盖的厕所。当时乡里的干部和村里的书记、队长、护林员等一起逐户查看，一边看一边喊："你们家都盖起了'洋圈''洋房'啊！"其实也只是喊一喊，并没有真正去管。

——摘自2016年4月28日对文老师的访谈

为了满足建房对木材的需求，一部分胆大的村民开始趁着天黑到林地去偷砍刺槐。然而，在村庄这样的"熟人社区"里，偷砍树木的行为是无法隐瞒的。一旦有人开了偷砍树木的先例，其他人也都跟着去砍了。于是从20世纪80年代中后期开始，谢村村民为了满足建材所需，开始砍伐刺槐。

也不知道最早是谁先砍的树，但一旦有人砍了，大家都会跟着砍起来。每个砍树的人都会想："既然别人能砍，我为什么不能呢？"但树林毕竟是集体的，大家也不敢明目张胆地在大白天去砍树，只能趁晚上偷偷去砍树。

——摘自2016年5月2日对村民张光明的访谈

村民用刺槐木料来代替松木以节省建房成本的行为，也仅仅持续到20世纪90年代中后期。在此之后，随着家庭收入的进一步提高，人们对住房的要求也不断提升，建房时所用的木材全部选用看起来整齐而美观的松木了。因此，受经济发展水平的影响，村民砍伐刺槐以满足建材所需的行为，仅限于20世纪80—90年代这一特定时期。

　　20世纪90年代之后，人们的手头宽裕了，对住房的要求也就越来越高了。这时候建造房子，全部使用购买的松木，根本没人再用刺槐了。我大儿子是2006年盖的房子，当时松木的价格是三四十块钱一根，盖7间房仅是购买木材就花了将近5000块钱。

　　　　　　　　——摘自2016年5月4日对村民王全生的访谈

第三节　伐林为薪

一、遭遇大旱

　　近几十年来全球气候变暖，黄土高原的气候也日趋暖干，年平均气温不断升高，年平均降水量逐渐减少。研究表明：1961—2014年，黄土高原的年平均气温为7.20—9.81℃，年平均气温在波动中上升，其上升速度明显高于全国平均变暖速度。同时，年降水量和植物生长季节的降水量都呈递减趋势，年降水量变化为295.17—646.09毫米。其中，黄土高原东南部为年降水量减少趋势明显的地区。[①]此外，1956—2000年黄土高原中部7条主要河流的径流量呈明显下降趋势。[②]进一步来看，20世纪90年代是黄土高原干旱趋势显著增强的转折点。在这一时期，黄土高原年降水量

---

　　① 晏利斌：《1961—2014年黄土高原气温和降水变化趋势》，《地球环境学报》，2015年第5期。

　　② 姚玉璧、王毅荣、李耀辉等：《中国黄土高原气候暖干化及其对生态环境的影响》，《资源科学》，2005年第5期。

显著减少，年平均气温和参考作物蒸散显著上升。[1]

黄土高原甘肃省的暖干化趋势与黄土高原总体趋向一致。研究表明：1961—2010 年，黄土高原甘肃省的年降水量呈下降趋势，且东南地区的减少幅度大于西北地区。尤其是 20 世纪 90 年代以来，降水量下降趋势明显[2]，从这一时期开始，黄土高原甘肃省春季中度干旱的发生频次显著增加。其中，天水、平凉、庆阳的西部和定西东部的环六盘山地区是春旱的高发地区。[3]

甘谷县的年降水量和年平均气温的变化趋势总体上与黄土高原甘肃省相一致。笔者从甘肃省气象局获取了甘谷县 1956—2021 年的年降水量及年平均气温数据（其中，1962 年、1963 年、1964 年的数据缺失），并进行了分析。如表 4-6 所示，从每十年的平均降水量来看，甘谷县 1986 年之后每十年的平均降水量明显低于 1986 年之前的每十年平均降水量，可见，1986 年是甘谷县降水量总体下降的一个转折点。其中，1986—1995 年的年平均降水量为 422.36 毫米，只有 1976—1985 年的年平均降水量的 83.9%；1996—2005 年的年平均降水量为 418.19 毫米，仅是 1976—1985 年的年平均降水量的 83.1%。2006 年之后，年降水量虽然有所增加，但仍然低于 1986 年之前的水平。尤其是 1994—2002 年，年降水量均偏低，其中，除了 2001 年的降水量高于 400 毫米之外，其他年份的降水量均在 400 毫米线以下（如图 4-3 所示）。这一时间段，正好是甘谷县遭遇大旱的时期（下文将有叙述），也是谢村村民日常生活用水日渐紧缺的时期。

---

[1] 李志、赵西宁：《1961—2009 年黄土高原气象要素的时空变化分析》，《自然资源学报》，2013 年第 2 期；顾朝军、穆兴民、高鹏等：《1961—2014 年黄土高原地区降水和气温时间变化特征研究》，《干旱区资源与环境》，2017 年第 3 期。

[2] 赵一飞、邹欣庆、张勃等：《黄土高原甘肃区降水变化与气候指数关系》，《地理科学》，2015 年第 10 期。

[3] 马琼、张勃、王东等：《1960—2012 年甘肃黄土高原干旱时空变化特征分析：基于标准化降水蒸散指数》，《资源科学》，2014 年第 9 期。

表4-6　1956—2015年甘谷县每十年的平均降水量[①]

年份	1956—1965	1966—1975	1976—1985	1986—1995	1996—2005	2006—2015
平均降水量/毫米	459.76	472.35	503.25	422.36	418.19	441.61

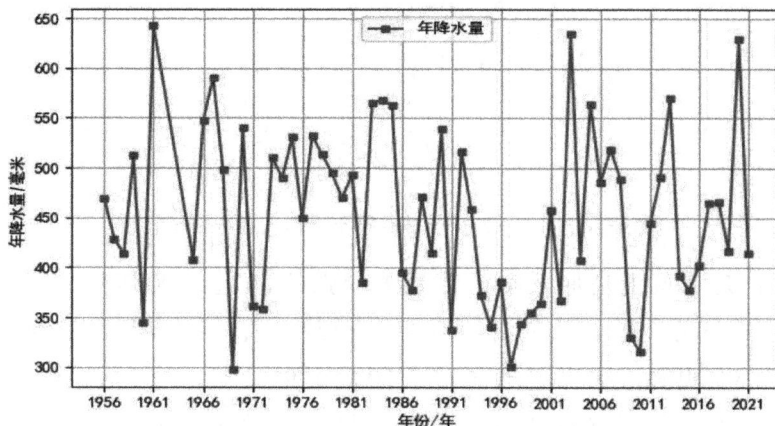

图4-3　1956—2021年甘谷县年降水量变化趋势[②]

在年降水量总体下降的同时，甘谷县的年平均气温自1956年以来整体呈上升趋势（如图4-4所示）。1990—2009年的年平均气温为11℃，1970—1989年的年平均气温为10.06℃，前者比后者高出了近1℃。其中，1997年是年平均气温升高的一个转折点，自这一年之后的大部分年份的年平均气温都在11℃以上。综上所述，甘谷县的气候在20世纪90年代之后暖干化趋势明显。

---

① 数据来源于甘肃省气象局。其中，1962年、1963年、1964年的数据缺失。

② 图中数据根据甘肃省气象局提供的甘谷县历年降水数据整理。其中，1962年、1963年、1964年的数据缺失。

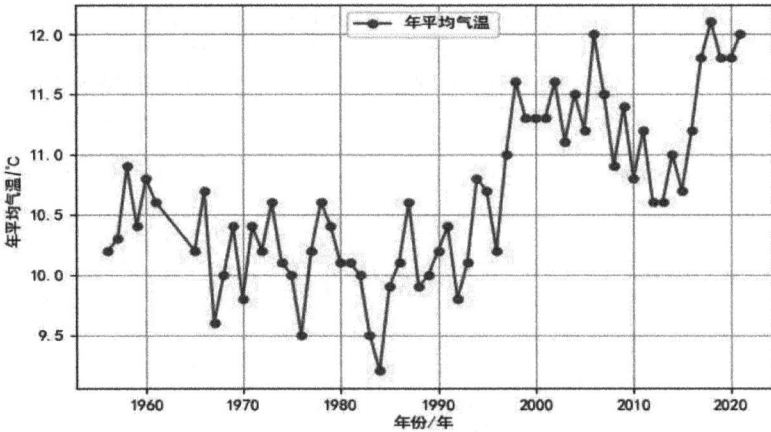

图4-4　1956—2021年甘谷县年平均气温变化趋势[①]

正是在黄土高原干旱趋势显著增强的20世纪90年代，甘谷县遭遇了一场大旱。从《甘谷县志》记载来看，甘谷县的这场干旱从1986年开始，几乎持续了整个20世纪90年代。

1986年冬至1987年春，持续干旱，各种病虫害相继发生，全县农作物受灾面积52.08万亩，成灾面积45.97万亩。[②]

1993年入秋以来，连续八年遭受特大旱灾，各乡镇均不同程度受到旱灾侵袭，特别是甘谷县北部山区受灾严重，农作物大面积干枯，人畜饮水严重困难，大部分群众从川区拉水解决饮水困难，主要河流渭河多次断流，散渡河、西小河长时间断流。

1999年，甘谷县北山各乡镇，南部金坪、白家湾等乡镇农作物受灾面积达34.6万亩，重旱7.6万亩，干枯20万亩，有16.8万人、1.3万头大牲畜饮水困难，14处塘坝干旱，118眼机电井出水量不足。

2000年，全县有33.7万亩农作物受旱，重旱2.34万亩，干枯面积10.3万亩，有18.6万人、1.2万头大牲畜饮水困难，作物大面积

----

① 图中数据根据甘肃省气象局提供的甘谷县历年气温数据整理。其中，1962年、1963年、1964年的数据缺失。

② 甘肃省甘谷县县志编纂委员会编：《甘谷县志》，北京：中国社会出版社，1999年版，第93页。

减产，林果业受损严重，13处塘坝干涸，渭河、散渡河出现断流现象。[1]

二、薪柴紧缺

经年的干旱给村民的生产生活都带来了巨大影响。农作物的大面积干枯，不仅使农业收成大大减少，直接造成经济上的损失，而且使村民的生活能源处于越发紧缺的状态。20世纪80—90年代，村民的生活能源仍以作物秸秆和荒草为主。收获时节，人们将粮食和秸秆一起挑到打场，打下粮食后，秸秆则摞成堆，作为一年的柴火，麦壳则主要用来烧炕。甘谷县的冬季寒冷，而且持续的时间较长，人们需要烧炕来取暖。烧炕的时间从前一年的10月中下旬一直持续到来年的5月中旬，长达半年多。虽然每天烧炕所需的柴火不多，但是持续的时间久，因此需要的总量大。

从整个甘谷县来看，即使在没有遭遇干旱的正常年景，人们的生活能源也不富余，甚至还有缺口。

据1984年区划调查，全县有73125户，有灶约73125个，煮饭需柴13163万公斤，有炕146250个，暖炕需柴6582万公斤，加上其他用柴，共需柴22449万公斤，户均0.307万公斤。经测算，农作物秸秆产柴6886万公斤，林业薪柴3345万公斤，牲畜粪1832万公斤，三项合计产柴12063万公斤，缺口10386万公斤。由于广大山区交通不便，煤价又高，同时又没钱买煤，因此铲草皮、烧畜粪、挖草根、砍树林的现象不时发生。加上人多地少，人们对土地的依赖性大，人们随意陡坡开荒，加剧了水土流失。[2]

在谢村，除了秸秆和麦壳，人们平日里还需要收集一些杂草来当柴火，否则一年的柴火是不够用的。

我们以前做饭全是用柴火，主要是地里的庄稼秸秆，

---

[1] 甘谷县水利局水利志编纂办公室编：《甘谷县水利志（1986—2007年）》，内刊，第25页。

[2] 甘谷县水利局水利志编纂办公室编：《甘谷县水利志（1986—2007年）》，内刊，第86—87页。

比如麦秆、洋麦秆、洋芋秆。那时候的柴火常常不够用，不够了之后就会到野外砍柴，或者到山沟里去割草。山沟里以前主要长有冰草、黄蒿等。烧炕用的是小麦、洋麦、谷子的麸皮，还有它们的根，挖出来晒干后用来烧炕。那时候柴火吃紧得很，老人出门时总会提一个篮子，只要能当柴火烧的都放在里边提回来。

——摘自2016年5月4日对村民王全生的访谈

正常年景尚且如此，在持续干旱的情况下，薪柴缺乏的程度更甚。2016年5月，笔者驻村调查时，看到地里的庄稼不仅长得低矮枯黄，而且稀稀拉拉、缺乏生气。了解得知，当地正遭遇春旱，从前一年入冬以来，几乎没有雨水，所以地里的庄稼长势欠佳。笔者看到的仅仅是一季干旱所导致的结果，不难想象，在持续干旱多年的20世纪90年代，地里的庄稼是一种什么样的景象。粮食产量能直接反映旱灾的严重程度，甘谷县统计资料显示，在旱灾最为严重的1998年、1999年和2000年，甘谷县的粮食亩产量分别只有56.1公斤、85.8公斤和83.1公斤[1]，相当于正常年景的一半甚至更低，可见干旱程度之重。在持续干旱的情况下，不仅庄稼秸秆长不起来，荒坡地头的野草也都枯死了。

由上可见，20世纪90年代，在持续干旱的影响下，谢村的生活用柴严重缺乏。缺少的薪柴从何而来呢？在粮食大面积减产，经济遭受损失的20世纪90年代，村民也不愿意花费更多的成本去购买煤和炭，因此，沟坡地里的刺槐再次成为村民"觊觎"的对象。

三、树林被伐尽

从20世纪80年代中后期开始，谢村村民就为了满足建材所需开始偷砍刺槐。到了20世纪90年代，当持续的干旱使村民的薪柴严重缺乏时，将刺槐砍来做饭取暖，对于大部分村民而言，就是

---

① 数据来源于甘谷县统计局提供的历年统计年鉴。

再自然不过的事了。

> 干旱使得人们生活困苦，缺乏食物和柴火，又没钱去
> 买炭和煤等。为了做饭和取暖，村民们只能偷砍树了。在
> 20世纪90年代砍树最严重的时候，连树根都被挖起来了。
> 那时候主要还是因为穷，20世纪90年代末之后，砍树的
> 人也就少了。

——摘自2016年4月28日对文老师的访谈

此时，砍伐刺槐用来做饭和取暖的已经不限于谢村村民了。周围其他村庄的村民也同样因持续的旱灾而缺薪少柴，他们也会趁天黑之时来到谢村的林地偷砍刺槐。于是，在谢村和周围其他村庄村民的共同砍伐之下，到20世纪90年代末，谢村在人民公社时期辛辛苦苦栽种起来的刺槐林被砍伐殆尽了。

如同对建房木材的需求一样，过了20世纪90年代，随着村民家庭收入的进一步提高，煤、电等逐渐替代了传统的薪柴，即使再出现持续的干旱，人们也不会再费时费力地去偷砍刺槐了。

> 现在主要使用煤和电，柴火的用处已经不大了，苞谷
> 秆都直接在地里烧掉了。冬天我们用洋炉子，既能取暖又
> 能做饭。洋炉子是烧炭的。烧炕用细煤，用一点柴把煤包
> 在中间，可以烧两个晚上。做饭有电饭煲、电磁炉，方便
> 着呢。

——摘自2016年4月28日对村民王全生的访谈

在树木被砍伐的同时，也没有人再去种树了。1997年左右，就在树林几乎被砍伐殆尽的时候，谢村的一个小队曾将林地按人口的多少分到了各家各户。据文老师介绍，当时分林地到户，是因为队里看到树都被砍光了，想通过分到各家各户的方式，鼓励村民再去种树。然而，那个时候已经没有村民愿意种树了。林地

分配后，一部分村民将分到的林地种上了庄稼，一部分村民则将林地闲置，任其荒废。

> 1997年左右，树木几乎被砍光的时候，我们队将林地按人头分配给各家各户。分林地的目的是让村民再去种树，但那时候谁还愿意种树呢？一方面大家地里的农活都忙不完，另一方面也没有种树的动力和激情了。种树的地，也不都是完全不能种庄稼的地，有些稍微整整也可以种庄稼。于是，有一部分家里人口比较多、劳动力充足的家庭将分到的林地种上了庄稼。
>
> ——摘自2016年4月28日对文老师的访谈

可见，在树木即将被伐尽之际，再将林地分到各家各户让其种树的办法并未取得任何成效。村民步行去镇上必须经过的四岔沟，当年是一片浓密的刺槐树林，如今已成了仅剩下一棵"歪脖子树"①的荒草地。每当文老师带着我们经过那里的时候，他都会指着草地上那些当年因挖树根而凹陷下去的坑，痛心地说："你们看看，这就是当年挖树根时留下的印记。"每次经过那里，笔者都会忍不住多看一眼那棵孤零零的"歪脖子树"。它站在那里，似乎也在回忆当年这条沟边绿树成荫、沟底流水潺潺的美好时光。

四、环境恶化

干旱缺水是黄土高原的一大显著特征，因此，人水关系的变化是黄土高原环境变化的最直接表现。20世纪80—90年代，当村民对树木的砍伐行为与日趋干旱的气候交织在一起，原本脆弱的环境变得更加恶劣了。村民对环境恶化最为深刻的感受就是：水越来越少了。

如前所述，在20世纪80年代中期以前，谢村的人水关系总体来看是相对和谐的。在生产方面，人们通过集体的力量，完成了

---

① 树干长得有点歪，但很粗壮。文老师一直称它为"歪脖子树"。

修梯田、植树造林、筑大坝等一系列建设工程。梯田固水、树林涵水、大坝蓄水，因此，"梯田—树林—大坝"依地势高低形成了一个较为完善的水土保持系统。这一系统的形成，不仅大大改善了生产中的缺水问题，而且美化了村庄环境，尤其是大片刺槐的长成，让村民觉得空气都变得更加湿润了。在生活方面，沟坡边的几处泉眼里不断外涌的泉水，是村民日常用水的主要来源。每天清晨或傍晚，人们都会挑着扁担，到泉眼里取水。正如文老师所说："那时候泉眼里的水很足，随时去，随时都能挑到水，而且水的质量很好，清澈见底。"一个五口之家，一天挑两担水就可以满足全家人的生活用水所需。在笔者驻村调查时，仍有少量村民到泉眼挑水，但水量明显不多（如图4-5所示）。在干旱缺水的地区，节约用水是基本的生活习惯。洗菜的水可以用来洗碗，洗了碗的水留下来喂家畜，将水利用到极致。此外，村庄前面的大沟里也常年有一股水流流淌着，在雨水丰富的夏秋时节，村民家中的牲畜以及农业用水都可以从这里获取。因此，总体而言，20世纪80年代中期以前，谢村的人水关系相对和谐。

图4-5　村庄附近的一处泉眼（笔者摄于2016年5月）

　　然而，从20世纪80年代中期开始，谢村的人水关系日趋紧张。首先，村子泉眼里的水逐渐变少，直到干枯。正如村民所说：

"以前挑水，随时到随时挑，而且水很清澈。大概从1988年开始，挑水需要排队了。在早上挑水的高峰期，只有早去的人才能很快挑到水回家，去晚了就要等很长的时间，因为要等水再慢慢渗上来。而且这时候的水往往比较浑浊，也就是说等了半天，还只能挑到'黄汤水'。"泉水的枯竭使人们的日常生活用水出现了困难。其次，村庄前面的大沟里以前常年流动的水，到20世纪90年代末期，几乎断流了，即使在雨水多的季节，也只有细细的一股水。总体而言，这一时期村民感觉到村庄周围可以利用的水资源越来越少了。

泉水干枯，流水断流，是多种因素共同作用的结果。一是气候因素。多年干旱，降雨量的减少使得浅层地下水因缺乏补给而水位下降，泉眼里的出水量随之越来越少。二是人口因素。1949年之后谢村的人口不断增加，从1949年的200多人，到后来的600多人。人口增加了，所需的用水量自然增加。村民用水需求量不断增加的同时，又正好遇到干旱，泉水量逐渐减少，人水关系因而更加紧张。三是植被破坏。在持续干旱期间，树木逐渐被伐尽，林地的涵水功能因而丧失，使得原本干旱的环境更加干旱了。

也正是从20世纪80年代中后期开始，为了解决日常饮水问题，村里的水井逐渐多了起来。据笔者统计，1986—1995年，村里总共打了41口水井，具体情况见表4-7。这41口水井如今仍然在使用的有21口，即50%左右的水井一直使用到现在。

表4-7　1986—1995年部分年份谢村新增水井数量①

年份	1986	1988	1990	1993	1995	年份不详
新增水井数量/口	2	4	5	2	16	12

这些水井有的分散在村民的院子里，有的集中在一处。其中有一处地方，集中打了15口水井，还在继续使用的有10口。这个

---

① 表中数据源于笔者对村中水井数量的统计。

水井集中的地方，以前是村民挑水的一处泉眼。20世纪80年代中后期以后，这处泉眼的水不断变少，周围村民的日常用水越来越困难。在这种情况下，村民开始为解决吃水问题动起了脑筋。

村民都知道，泉水是地下水外渗的结果，如果地下水水位下降，泉水无法渗出，村民自然就挑不到水了。那么，如果在泉眼附近的空地上打一口水井，是不是就可以打到水了呢？有一个村民首先想到了这个主意，于是他选了一处泉眼附近的空地，挖了一口几米深的水井。正如料想的一样，水井出水了，而且水量较大、水质清澈。以前泉眼是周围村民共用的，而水井则是各家各户自己用的。在这个村民的带动下，在此处挑水的其他村民也先后在这里打起了自家的水井。有的水井属于一户人家，有的水井几户人家共用，这样一来，周围近20户的村民都解决了吃水难的问题。还在继续使用的水井的井口，都用石板或木板仔细地遮盖着，避免杂物掉进去，有的还上了锁。除了这一处泉眼之外，还有一处泉眼附近也集中打了10来口水井，但后来因为地势太过陡峭，取水不便而被村民废弃了。

在这一时期，井水与泉水一起，解决了村民日益紧张的吃水问题。1986年至1995年，村民打井吃水的时期，正好是十年干旱期。村民在明显感到生活用水不足的情况下，想到了打水井这一方法。井水是地下水，地下水的分布有一定的规律，因此不是每家每户都能顺利打出井水来。谢村的水井大多分布在村庄中心靠西的位置，而村庄中心靠东的方向则基本没有水井，那边的村民还得靠挑泉水来解决生活用水所需。

在此之后，随着西部大开发战略的实施，国家加大了农村饮水工程项目的投资力度，为从根本上解决农村饮水问题奠定了基础。20世纪末期，甘谷县大力发展"121"雨水集流工程，主要通过修建水窖和集雨场来改善村民的饮水条件。截至2007年，甘谷县共建成集中供水工程21处，集雨水窖69329眼，共解决了82756

户、44.56万人的饮水困难问题。①通过水窖在雨季收集天然降水而得到的窖水，不仅可以解决干旱地区的人畜饮水和灌溉问题，在黄土高原这种水土流失严重的地方，还可以减缓雨水对黄土的冲刷，起到水土保持的作用，具有巨大的经济价值和社会意义。甘谷县降雨年内分布不均，全县雨水多集中在7月、8月、9月，这三个月的降水量占全年降水量的60%以上。村民一般会在雨季将水窖（如图4-6所示）的水储满，以供全家人的日常生活所需。

图4-6　村民自家用的水窖（窖口用水泥盖盖住，以免落入杂物，旁边装有手动压水器，方便取水，笔者摄于2016年5月）

水窖成为谢村村民储蓄日常用水的重要设施。根据水窖的容积我们可以大致推断一个3~5口的家庭一年的日常生活用水总量。按大水窖15立方米的容积来算，一年两次雨季储满水，加上中间下雨储的水，一共算4窖水，一年大约60立方米的水。按一家5口计算，平均每人每年12立方米的水，平均每人每天则是32.9升水。这是春季和秋季雨水都比较充沛时的储水量。如果遇到春季干旱，

①甘谷县水利局水利志编纂办公室编：《甘谷县水利志（1986—2007年）》，内刊，第71页。

按 2.5 窖水算，平均每人每天也有大约 20.5 升水。2000—2003 年农村饮水解困工程所确定的北方地区人均日用水量的最低标准是：正常年份 20 升，干旱年份 12 升。①按照这一标准，谢村的水窖能达到要求。

从 2005 年开始，农村饮水安全问题引起了国家的高度重视。国务院先后批准实施了《2005—2006 年农村饮水安全应急工程规划》《全国农村饮水安全工程"十一五"规划》和《全国农村饮水安全工程"十二五"规划》，累计解决了 5.2 亿多农村人口的饮水问题。在这一契机之下，甘谷县全面展开了农村饮水安全工程建设。

甘谷县的农村饮水安全工程建设按照"科学规划、点面结合、集中连片、整体推进"的原则，依据区域地理特征和可利用水资源分布现状，将全县农村区域划分为"一带三区"，涵盖了全县所有行政村。"一带"就是以渭河为纽带，以人口密集区为中心，规划了磐安、六峰、崖湾、十里铺等四个千吨万人饮水安全工程。"三区"就是按照"集中连片、整体推进"的原则规划了西北部、东北部、南部三大千吨万人饮水安全工程，其中西北部农村饮水安全工程涉及 6 个乡镇 123 个行政村 30017 户 150373 人；东北部农村饮水安全工程涉及 6 个乡镇 115 个行政村 33051 户 159602 人；南部农村饮水安全工程涉及 6 个乡镇 102 个行政村 21069 户 98683 人，实现了饮水安全工程全覆盖。截至 2019 年，甘谷县已建成千吨万人以上供水工程 8 处，解决了 15 个乡镇 392 个行政村 51.93 万人的饮水问题。全县通自来水农户比例达 93.23%，饮水安全农户比例达 100%，农村居民饮水安全有了保障。②

按照规划，甘谷县的农村饮水安全工程基本解决了全县农村居民的饮水不安全问题。但现实与规划往往存在一定的距离。从谢村来看，随着东北部农村饮水安全工程的竣工，该村大部分村

---

① 《全国农村饮水解困项目评估报告（摘登）》，《中国水利》，2004 年第 21 期。

② 《甘谷：努力实现农村饮水安全全覆盖》，载甘谷县人民政府网（https://www.gaugugov.cn/info/1071/104281.htm）。

民家里都装上了自来水管。但他们的自来水管并不是随时都有水的。正如谢村村民委员会主任所说："即使通了自来水，也需要与水窖一起配合使用。由于水厂水源不足，总体上是缺水的，我们这边一年只有几个月是通水的。所以还是需要用水窖，通水的时候把水窖放满，这样就不愁了。"

可见，干旱缺水地区的自来水并不像水源充足地区那样，只要拧开水龙头，随时就有水出来。但自来水与雨水相比，不仅质量有了保障，而且比收集雨水要便利得多。对于西北缺水地区而言，地表水和地下水都是非常稀缺的水资源，我们对水资源的开发利用，需要从一个长远的、可持续利用的角度考虑。"水窖+自来水"成为该地区日常用水的主要形式，再配合井水和泉水，基本可以满足人们的日常用水所需。

第四节　资源过度开发：
社会控制弱化下的"公地悲剧"

一、社会控制弱化

通过前面的分析可知，在20世纪80—90年代，谢村村民为满足建材和薪柴所需，逐渐将集体所有的树木砍伐殆尽，从而导致了"公地悲剧"。"公地悲剧"指的是当某种资源为不具有排他性的公共资源时，每个个体基于自身利益最大化的考量而做出的行动选择，最终会导致公共资源的过度消耗，进而造成环境恶果。哈丁最初在论述"公地悲剧"时指出，产权不明晰是引发"公地悲剧"的重要原因，明晰产权是避免"公地悲剧"的有效办法。然而，现实生活中却有很多公共所有的森林、草场、河流等并没有发生所谓"公地悲剧"，其中一个重要的原因在于社会规范和社会制度对个体行为的有效控制。哈丁认为除了产权不明晰之外，缺乏有效监管也是"公地悲剧"发生的重要原因。进而指出，解决环境使用外部性问题的方法主要有两种：一是通过私有化明晰产权，减少公有地；二是通过国家权威来对个体行动者实施监管。由此可见，如果公地的管理者能够对个体行动者进行有效的监管，就可以在一定程度上避免"公地悲剧"的发生。

从谢村林地的砍伐过程来看，社会控制弱化、个体的滥砍行为缺乏有效监管，正是其"公地悲剧"发生的重要原因。土地承包到户之后，谢村的林地仍然属于集体，原则上任何村民都没有随意砍树为己所用的权力。虽然在20世纪80—90年代，村民因建房、做饭、取暖等对木材有大量的需求，但是村集体如果能够对林地实施严格而有效的看护，那么村民也不会将集体所有的林地砍伐殆尽。

社会控制由少数代理人具体执行，其控制手段、方式和力度会随着社会的变化而变化。人民公社时期，国家建立起一个高度一元化、总体性的科层结构，在这个结构中，国家直接面对农户，农民的原子化状态被改变，集体认同逐渐形成，国家力量以前所未有的深度和广度渗透于乡村社会结构之中，从而实现了对乡村社会的有力控制。正是在这一有力控制之下，谢村的林地得到了很好的保护。而此时的村民，在土地等重要的生产资料都交归集体的情况下，其思想观念、行为活动等也更多地与集体相结合，受集体所约束。如前所述，谢村在人民公社时期的村支书是一位集体观念强、对工作一丝不苟的老党员，在他的领导下，谢村被评为县里的红旗大队。他积极响应上级的植树造林号召，安排村民在荒坡地上种出了刺槐树林。在树林的管理方面，村集体安排了专职的护林员进行严格的看护，防止村民偷砍乱伐，并对偶尔出现的偷砍行为进行惩罚，树林因此得到了很好的保护。

实施家庭联产承包责任制以后，国家与乡村、村干部与村民、村民与村民之间的关系也发生了变化。首先，家庭联产承包责任制的实施，使原本被集体控制的土地分散到各家各户，村庄集体经济因而由"实"到"虚"，建立在集体经济之上的全能型治理结构也陷入空转。村干部能够管辖的事务减少，村民的生产生活也不再完全依附于集体。其次，国家工作重心发生转移，发展经济成为举国上下的第一要务。最后，集体共同体社会的解体，使农户再一次成为"散落的马铃薯"，乡村社会的结构单元又重新复原为一个个原子化的个体①。村民之间的关系也逐渐回归到以血缘、亲缘、地缘为基础的私人关系。正是在这一背景下，谢村村民滥砍集体树林的行为，最终导致了"公地悲剧"的发生。

二、村支书的"灵活处理"

村干部尤其村支书是连接国家与村民的重要纽带，在不同时期，国家与乡村的关系不同，村支书所处的地位和扮演的角色也不尽相同。

人民公社时期，通过自上而下的党组织，国家权力完成了在乡村社会的垂直延伸，以此为基础，以党治村的治理模式在乡村社会运行。在这一模式中，村支书的主要职责是"管政策、管党员"。管政策即负责落实和执行上级的指示，管党员即管人。除了村支书，还有由村民委员会主任、会计、民兵连连长等组成的管理委员会共同管理村庄事务。其中，村支书、主任和会计属于半脱产干部，大部分时间专门从事村庄管理工作。

实施家庭联产承包责任制之后的20世纪80年代，村支书身处国家与农民的中间层而面临结构性两难。在村支书与乡镇之间，村支书与乡镇的体制性连接依然紧密，乡镇政府对村干部仍然具有较强的约束力，村干部也需要从乡镇获取一些村庄建设和发展的资源。在村支书与村民之间，一方面村干部的报酬主要来源于村民所交的提留（尤其在集体经济相对缺乏的村庄），这使得村干部在某种程度上受到村民的供养。另一方面，随着村民自治的深化，村干部的合法性基础与权力授权正发生由上至下的转变，乡镇已不能单方面决定村干部的任免与去留，村庄自身的影响力逐渐增强。这些均要求村干部在日常工作中妥善处理与村民的关系。鉴于上述因素，村支书的工作面临越来越大的挑战。他们一方面

---

① 吴毅：《村治变迁中的权威与秩序——20世纪川东双村的表达》，北京：中国社会科学出版社，2002年版，第186页。

会认真对待上级下达的任务，尤其是重要、紧急的工作，他们会努力完成；另一方面，村干部主观上也愿意为村民着想，解决村民的实际困难。作为村民中的一员，村干部与村民之间存在着复杂的亲缘、地缘和业缘关系。因此，一个精明能干的村支书会根据具体任务的情境，在权衡各种利弊的基础上做出相对理性的行动选择。他们既需要完成乡镇下达的各项任务，也要设法实现村民的利益诉求。

村支书在具体角色行为中的表现，与宏观社会结构和任务性质有关，也与个人性格特征有关。谢村的林地遭到砍伐的时期，是薛书记在位的时期。薛书记的工作能力很强，其行事风格与之前的王书记相比，更加灵活变通。对于不同的工作，他往往能够根据事情的轻重缓急，采用不同的方式来对待和处理。

> 我们村的林地是薛书记在位的时候被砍的。薛书记做事小心谨慎。在当时，收缴粮款和计划生育是主要工作，我们村当时这两样都是乡上的第一名。难做的事情薛书记都能处理好，更不用说其他事情了。
>
> ——摘自2016年5月6日对村民张光明的访谈

从国家与乡村关系以及任务性质来看，谢村林地被大量砍伐的20世纪80—90年代，国家的工作重心已经向发展经济转移，国家与乡村之间的互动，主要表现在税费收缴和计划生育这两个方面。因此乡镇干部对这两项任务看得重、催得紧。对于像如何保护集体的林地这样的公共事务，无论是乡镇干部还是村支书，都没有将其放在十分重要的位置。此时的薛书记，正是对村民砍伐树林的行为采取了"灵活处理"的态度。

> 我们村以前有个老人，人很老实，但家境贫穷。看到大家都在砍树，他也想偷砍几棵树来将房子修一修。但他胆子小，不敢晚上去砍树，就大白天的去砍了。白天砍的

时候刚好又被驻村干部看到了，驻村干部就把他带到了村
委。村支部书记当着驻村干部的面批评了他，然后就让他
走了。他走之后，村支部书记跟驻村干部解释说，他家里
实在太穷了，房子也确实破旧。后来这个事也就不了
了之。

——摘自2016年5月6日对村民张光明的访谈

可见，当时的村支部书记和驻村干部，对村民的砍树行为都
是心知肚明的，但他们对此事都抱理解和不予追究的态度。

三、护林员的"稻草人化"

护林员作为林地的看护者，理应对村民的砍树行为进行制止，
从而起到保护林地的作用。然而，在谢村林地被砍伐的过程中，
护林员经历了一个典型的"稻草人化"的过程。"稻草人化"喻指
本应该对某种不当行为或现象起威慑或制止作用的部门或角色逐
渐形同虚设的式微过程。[1]起初，护林员为了履行职责，会对村民
的砍树行为进行制止，村民对护林员也心存畏惧，不敢明目张胆
地去砍树。但慢慢地随着砍树的村民越来越多，护林员开始对砍
树行为睁一只眼闭一只眼。最终，护林员成为摆设，村民砍树的
胆子也越来越大。

在家庭联产承包责任制实施之后，随着护林员角色的改变，
其看护方式也发生了变化。如前所述，人民公社时期的护林员是
专职的，像其他工作一样记工分、给报酬。为了达到看护效果，
大队在林地回村的必经之路上搭建了简易小屋，护林员晚上就住
在小屋里，可以随时发现林地的异常响动。实施家庭联产承包责
任制之后，护林员从专职变成了兼职，所得的报酬仅是多分的两
亩地。护林员晚上不再住在小屋里，而是住在自己家中，只是在

---

① 陈涛、左茜：《"稻草人化"与"去稻草人化"：中国地方环保部门角
色式微及其矫正策略》，《中州学刊》，2010年第4期。

临睡之前拿着手电筒到林地边上走一走，这样往往难以达到看护的效果。实施家庭联产承包责任制以后，村民们都在集中精力为提高自家的收入而奔忙，护林员也不例外。

> 1980年土地承包到户之后，我做了一队的护林员，负责看护从大沟到穆家湾村的那片林子。那里的林子以前很茂密，现在只剩下稀稀拉拉的几棵树了，还有很多树桩留在那里（如图4-7所示）；四岔沟的那片林子现在也已经被砍光了。晚上吃过饭之后，我会拿着手电筒过去巡逻，等到十一点多大家都休息了我才回家，这样看了几年。因为看林，我们家多分了两亩地。我只在晚上睡觉之前去一趟，这样其实没什么效果，因为大家都趁晚上别人都睡着了之后去砍树。

> ——摘自2016年5月9日对护林员王陆国的访谈

图4-7　砍伐树木后留下的树桩（笔者摄于2016年5月）

除了看护方式，护林员的护林态度也发生了变化。护林员护林态度的变化，则源于村庄内部人际关系的变化。人民公社时期，村庄内部是集体与个人关系。在这种集体与个人关系中，集体占据了主导地位，集体利益高于个人利益，村民大都自觉维护集体利益而不去偷砍树。土地承包到户以后，村民以家庭为单位劳作，集体意识逐渐淡化，村民偷砍树行为时有发生。

综上所述，社会控制的弱化使得村民的滥砍行为缺乏有效监管，是谢村林地在 20 世纪 80 年代发生"公地悲剧"的重要原因。实施家庭联产承包责任制以后，国家与乡村、村干部与村民、村民与村民之间的关系逐渐发生了变化。此时的村干部除了尽力完成国家交给的税费收缴和计划生育等工作之外，已无暇顾及偷砍集体所有的林地之类的事情。护林员作为看护林地的直接责任人，碍于错综复杂的乡土关系，对砍树行为也是睁一只眼闭一只眼。社会控制的弱化使村民的砍树行为从刚开始的小心翼翼到后来的肆无忌惮，直到树林被砍伐殆尽。林地的破坏与日趋干旱的气候交织在一起，使原本脆弱的环境更加恶化，村民因此而感觉到"树林被砍光了，水更少了，气候越来越干旱了"！

第五章　生计非农化与植被恢复

　　土地利用是人类活动与自然环境相互作用的直接表现形式。在传统的农业社区，土地（尤其是耕地）是很重要的资源，人们依赖土地进行农业生产的行为，同时也是产生环境影响的主要行为。尤其在生态脆弱、易于发生水土流失的黄土高原地区，农民对土地的开发利用所造成的环境影响更为直接和深远。本章主要分析2000年以后，谢村村民对土地开发利用行为的转变及其环境后果。在这一时期，伴随劳动力的大量非农化转移，工资性收入逐渐成为农民收入的主要来源，传统的以农为主的生计模式向非农生计模式转变。生计的非农化转变使农民对土地的生存性依赖逐渐降低，农民的土地价值观随之改变。农民土地价值观的这一转变又影响到人们对土地开发利用方式和行为的变化。一方面，随着青壮年劳动力的大量外流，一部分位于山顶和陡坡、原本就不适合耕种的土地被弃耕了；另一方面，在退耕还林政策的推动以及林果业市场的驱动下，特色经济林得到大面积发展。从环境影响来看，弃耕还草和经济林的发展既增加了植被覆盖面积，也改善了植被覆盖结构，从而在一定程度上减缓了水土流失，促进了该地区的生态环境恢复。从行动逻辑来看，谢村村民在这一时期对土地开发利用行为的转变是基于上述现状分析而做出的理性选择。

第一节 生计非农化

一、劳动力的非农化转移

劳动力的非农化转移是指农村劳动力从农业就业向非农就业转移的过程。2000年以来，我国农村劳动力的非农化转移进入快速发展阶段。这一时期，工业的稳定发展以及第三产业的不断壮大，为农村劳动力的非农化转移提供了大量的就业机会。与此同时，城市用工制度日益完善、城乡户籍制度不断改革、社会保障体系日趋成熟、城市建设步伐不断加快，为进城农民与城市社会的融合提供了制度保障。《2019年农民工监测调查报告》显示，2019年全国农民工总量达29077万人，其中，外出农民工17425万人，本地农民工11652万人。从输出地来看，西部地区输出农民工8051万人，比上年增长133万人；从性别来看，男性占64.9%，女性占35.1%；从年龄来看，农民工平均年龄40.8岁，其中40岁及以下农民工所占比重为50.6%，比上年下降1.5%，50岁以上农民工所占比重为24.6%；从就业产业来看，从事第三产业的农民工比重超过50%；从收入来看，农民工月均收入3962元，比上年增加241元。①

与全国农村劳动力非农化转移的总体趋势相一致，甘谷县农村劳动力的大量非农化转移是在2000年之后。20世纪八九十年代，受制于西北相对落后的工业化和城镇化发展水平，甘谷县外出务工的人数和人们外出务工的时间相对较少，以季节性的迁移为主，即农忙时在家务农，农闲时外出务工。农业是主业，外出务工是副业，农业收入是村民收入的主要来源。2000年之后，随着工业的不断发展和城镇化水平的不断提高，甘谷县外出务工的人数快速增加，外出务工的时间也越来越长，大量青壮年劳动力几乎脱

---

① 《2019年农民工监测调查报告》，载国家统计局网站（http://www.stats.gov.cn/xxgk/sjfb/zxfb2020/202004/t20200430_1767704.html）。

离农业生产，以长时间定居到一个城市的方式在外务工。此时，外出务工成为主业，农业成为副业，务工收入逐渐替代农业收入成为村民收入的主要来源。如表5-1所示，甘谷县从20世纪80年代开始，从事农业生产的劳动力比例逐渐下降，从1980年的96.06%下降到1985年的76.87%，再到1995年的60.14%，2000年之后进一步下降，到2015年下降为41.95%，即一半以上的农村劳动力从事着非农业生产。在非农行业中，从事建筑业的人相对较多。

表5-1　1980—2015年部分年份甘谷县农村劳动力从事的行业情况[①]

年份	农村劳动力/人	从事不同行业的人数占农村劳动力总数比例				
		农业	工业	建筑业	批零贸易业	其他
1980	128230	96.06%	3.13%	—		0.80%
1985	158371	76.87%	2.95%	2.82%	1.69%	15.67%
1990	181475	78.05%	2.72%	6.88%	1.70%	10.65%
1995	192918	60.14%	4.28%	9.96%	2.55%	13.97%
2000	212413	62.87%	3.67%	12.69%	3.38%	17.39%
2005	297257	55.92%	2.56%	15.43%	2.25%	23.84%
2010	308513	52.76%	6.15%	16.48%	2.84%	21.77%
2015	364609	41.95%	5.42%	16.21%	3.12%	33.30%

　　谢村劳动力的非农化转移情况与甘谷县总体一致。笔者以谢村2016年农村合作医疗保险参保人员花名册为基础，在文老师的帮助下，对谢村的人口及劳动力就业情况进行了统计，统计结果如表5-2所示。截至2016年底，谢村共有203户，860人。其中，留守务农者198人，占总人口的23.02%，以老人和妇女为主。外出务工者304人，占总人口的35.35%。在读学生（从幼儿园到大学）共193人，占总人口的22.44%。此外还有半工半农者15人，陪读者38人，未入学幼儿29人，以及其他信息不详者等共83人。其中，务农者、在本村小学就读的学生（20人）、未入学幼儿以及其他信息不详者，总共330人（占总人口的38.37%）长期生活在村庄里，其他超过60%的村民大部分时间都生活在城镇。

---

① 数据来源于甘谷县统计年鉴（1980—2015年）。"—"表示数据缺失。

表5-2　2016年谢村人口基本情况[①]

类别	务农者	半工半农者	务工者	学生	陪读者	未入学幼儿	其他	总计
人数/人	198	15	304	193	38	29	83	860
占总人数的比例	23.02%	1.74%	35.35%	22.44%	4.42%	3.37%	9.65%	100%

具体来看，谢村劳动力的非农化转移主要分为以下几类：

一是到新疆的务工者。受地理区位、交通以及自然条件等诸多因素的影响，新疆一直是甘肃人口省际迁移的首要迁入地。2000年之后，在西部大开发的战略下，新疆的经济社会快速发展，从而创造了大量的务工就业机会，使其成为一大人口迁移吸引中心。[②]截至2016年，谢村有80多位村民到新疆务工或经商，占外出务工总人数的30%左右。其中，有5户已定居新疆，未定居者大约70人。从年龄来看，这些务工者和经商者80%以上是"80后""90后"。从职业来看，主要集中在装修行业。从迁出方式来看，外出务工者的户口虽然还在谢村，但常年居住在新疆，只是偶尔回家看看留守的父母和孩子。已婚外出务工者大多是夫妻共同外出，一部分在新疆买了房子，将孩子带到新疆读书，将父母也带过去照顾，这相当于举家迁移到了新疆；一部分则将孩子留在甘谷县城上学，住房也买在了县城，孩子由留守的父母照顾。

二是在"两路一线"[③]上的劳务输出人员。受自然环境、地理位置等因素的影响，甘肃的交通设施相对落后，交通与环境都制约着甘肃的发展。近现代以来，为打破封闭落后的局面，促进甘

---

① 表中数据是笔者以谢村2016年农村合作医疗保险参保人员花名册为基础，在文老师的帮助下，统计的结果。

② 王桂新、潘泽瀚、陆燕秋：《中国省际人口迁移区域模式变化及其影响因素：基于2000和2010年人口普查资料的分析》，《中国人口科学》，2012年第5期。

③ "两路"是指铁路、公路，"一线"指高压线。

肃经济社会的全面发展，铁路、公路等的建设成为该地区建设发展的重要内容。铁路、公路等的建设需要大量劳动力，因而为当地村民创造了大量的务工机会。2000年之前，谢村在"两路一线"上的劳务输出以个人行为为主，村民主要是利用农闲时间"离土"到建设工地打工。2000年之后，谢村在"两路一线"上的劳务输出逐渐向组织化、专业化的方向发展，村里出现多个建筑队。建筑队队长先承揽工程，再组织村里的劳动力去完成。截至2016年，谢村在"两路一线"上的劳务输出者有80多人，占外出务工总人数的30%左右。从20多岁到近60岁，每个年龄段的人都有，而且大部分为男性。如此看来，谢村很多家庭中不仅年轻一代的夫妻双双外出务工，年长一辈的男性也逐渐加入外出务工的队伍。

三是其他类的外出务工者。这些人有的经商，有的务工，职业种类多种多样。由于工作需要，他们几乎常年居住在外地，只在春节时才短暂地回村探望家人。除了户口还在农村，他们已然完全脱离了农村和农业生产。

综上所述，谢村留守在村里从事农业生产的大都是老人和中年妇女。在劳动力大量非农化转移的同时，90%以上的受教育人口也转移到了城镇，谢村人口呈现明显的"空心化"态势。截至2016年，谢村只有330人长期生活于村内，占谢村总人口的38.37%，主要由中年妇女、未上学的幼儿和60岁以上的老人组成。

二、收入的非农化转变

劳动力的大量非农化转移，不仅促进了农民收入水平的稳步提高，而且改变了农村家庭的收入结构。工资性收入逐渐成为农民收入的主要来源，传统的以农为主的生计模式向非农生计模式转变。

农村经济体制改革以来，我国农民整体的收入水平不断提高，尤其是2000年以后，农民的人均收入呈持续快速增长态势。按可比价格计算，全国农民的人均纯收入年均增长率在1980—1985年为 13.7%①，1986—1990 年为 4.2%②，1991—1995 年为 4.5%③，1996—2000 年为 4.7%④，到 2001—2005 年为 5.3%，2006—2010 年提高到 8.9%，2011—2015 年，这一增速进一步提高到了 10% 以上。⑤由此可见，2000 年之后的农民人均纯收入增长速度明显高于 2000 年之前的几个阶段（1980—1985 年除外）。尤其是从 2004 年开始，农民收入在相对较高的水平下实现了"十四连增"，到 2020 年，全国农民人均可支配收入达 17131.4 元，其中，工资性收入 6973.9 元，占比 40.7%；经营净收入 6077.4 元，占比 35.5%；财产净收入 418.8元，占比 2.4%；转移净收入 3661.3 元，占比 21.4%。⑥

在农民收入持续增长的过程中，经营净收入所占的比例逐年下降，工资性收入所占的比例不断上升，并逐渐超过经营净收入，成为农民收入的主要来源。如表 5-3 所示，经营净收入占人均纯收入的比例，1985 年为 74.4%，到 1995 年仍占 71.4%，十年只下降三个百分点；2005 年下降到 56.7%，相比上一个十年，下降的速度明显加快；到 2015 年为 35.4%，下降的速度进一步加快；到 2020 年为 35.5%。与之相对应，工资性收入占人均纯收入的比例，1985 年为 18.2%，1995 年为 22.4%；2005 年增加到 36.1%；到 2015 年进一步增加到 40.3%；2020 年为 40.7%。从 2013 年开始，工资性收入（占比 45.2%）超过家庭经营性收入（占比 42.6%）成为农民人均纯收入的主要来源。

---

① 国家统计局编：《"六五"期间国民经济和社会发展概况》，北京：中国统计出版社，1986 年版，第 11 页。

② 国家统计局编：《"七五"时期国民经济和社会发展概况》，北京：中国统计出版社，1991 年版，第 18 页。

③ 国家统计局编：《'96 中国发展报告：中国的"八五"》，北京：中国统计出版社，1996 年版，第 83 页。

④ 国家统计局编：《2001 中国发展报告：中国的"九五"》，北京：中国统计出版社，2001 年版，前言第 2 页。

⑤ 姜长云：《当前农民收入增长趋势的变化及启示》，《学术前沿》，2016 年第 7 期。

⑥ 数据来源于《中国统计年鉴 2021》，载国家统计局网站（http://www.stats.gov.cn/sj/ndsj/2021/indexch.htm）。

表5-3　1985—2020年部分年份全国农民经营净收入与工资性收入占比[1]

年份	人均纯收入/元	经营净收入/元	经营净收入占比	工资性收入/元	工资性收入占比
1985	397.6	296.0	74.4%	72.2	18.2%
1990	686.3	518.6	75.6%	138.8	20.2%
1995	1577.7	1125.8	71.4%	353.7	22.4%
2000	2253.4	1427.3	63.3%	702.3	31.2%
2005	3254.9	1844.5	56.7%	1174.5	36.1%
2010	5919.0	2832.8	47.9%	2431.1	41.1%
2015	11421.7	4503.6	35.4%	4600.3	40.3%
2020	17131.5	6077.4	35.5%	6973.9	40.7%

　　从工资性收入和经营净收入的增长率及其对农民收入增长的贡献度来看，1985—2012年期间，工资性收入的增长率在各个阶段均高于人均纯收入的增长率，且呈逐渐上升之势；经营净收入的增长率则一直低于人均纯收入的增长率，且波动性较大。[2]从改革开放40多年来我国农业收入的增长情况来看，在2000年之前，除了1978—1984年农业收入"超常规增长"之外，1985—1999年，受市场供给变化、农产品流通体制改革、农产品收购价格及农业生产资料价格变动等因素的影响，农业生产的比较收益和利润空间不断降低，农业收入长期面临"增产不增收"的徘徊局面。直到2000年之后，在工业反哺农业、城市支持农村的发展格局之中，随着一系列强农、惠农、富农政策的实施，农业收入才逐渐恢复增长，并从2004年开始实现了"十四连增"。相比之下，随着务工经济的不断繁荣，工资性收入对农民收入增长的贡献度不断增强，逐渐成为农民增收的主要动力。

---

　　① 从2013年开始的农民收入数据是农民可支配收入数据。数据来源于中国统计年鉴及中国农村统计年鉴。

　　② 潘文轩、王付敏：《改革开放后农民收入增长的结构性特征及启示》，《西北农林科技大学学报》（社会科学版），2018年第3期。

工资性收入快速增长并逐渐成为农民收入增长的最大动力，是农村劳动力大量非农化转移的直接后果。如前所述，2000年以后，随着城市化和工业化的快速发展，越来越多的农村劳动力转移到城镇就业，农业从业人员的数量逐年减少，社会就业结构发生变化。统计数据显示，农村就业人口持续下降，2020年农村就业人口与1996年相比，减少了20242万人；城镇就业人口则持续增加，2020年比1996年增加了26456万人。[①]就业结构的变化不仅影响了农民收入的增长，而且导致了农民收入结构的变化。受国家政策、市场价格、农资成本等多种因素的共同影响，在农业从业人员逐年减少的同时，农业增加值也长期处于缓慢增长的状态；相比之下，务工经济的不断发展则带来了农民工资性收入的快速增加，并逐渐成为农民收入增长的最大动力。

在甘谷县，2016年农村居民人均可支配收入为6465元，其中，工资性收入2482元，经营净收入2129元，财产净收入79元，转移净收入1775元。[②]可见，工资性收入超过经营净收入，是甘谷县农民收入的主要来源。2016年笔者驻村调查期间，谢村村民张光明估算了他们一家五口2015年的家庭净收入。老年夫妇（60岁左右）在家务农兼带孙女，种植了两亩地的花椒，务农净收入约1.5万元；年轻夫妇（35岁左右）常年在新疆务工，净收入约5万元；再加上国家的转移性支付约1500元：他们五口之家一年的净收入大约为6.7万元。如此算来，务工收入所占的比例达74.6%，务农收入所占的比例则不到22.4%。张光明一家的家庭收入情况，在半工半耕农民家庭中具有一定的代表性。从中我们看到，务工收入已然成为农民家庭收入的主要来源。

---

① 根据中国统计年鉴的相关数据计算得出，载国家统计局网站（http://www.stats.gov.cn/sj/ndsj/）。

② 数据来源于《甘肃发展年鉴2017》，所占比例根据收入数据计算得出，载甘肃省统计局网站（https://tjj.gansu.gov.cn/tjj/tjnj/2017/indexch.htm）。

三、土地价值观的变化

价值观是人类行动的重要影响因素。农民在持续不断与土地互动的过程中，逐渐形成了对土地财富、土地权力和土地情感等方面的价值观念和态度，这些价值观念和态度进而影响着人们对土地的开发、利用。土地价值观在一定的社会条件下形成，也会随社会条件的变化而改变。在不同的历史时期，当人们所处的政治、经济、文化等社会条件发生变化之后，人们的土地价值观也会随之改变。

在传统农业社会，土地是农民生存的基础，是其生计的主要来源。因此，"寸土寸金"可谓土地价值及其意义最为生动和深刻的描述。对于传统时期土地与农民关系的认识，不同的学者有着基本一致的观点。费孝通在《乡土中国》的开篇就论述道："从基层上看去，中国社会是乡土性的。……土字的基本意义是指泥土。乡下人离不了泥土，因为在乡下住，种地是最普通的谋生办法。……靠种地谋生的人才明白泥土的可贵……'土'是他们的命根。"[1]可见，乡土社会的许多基本特征与农民和土地之间的关系是密不可分的。周晓虹在阐述农民与土地的关系时指出，乡土关系不仅涉及农民之间的社会关系，而且包括农民与土地之间的天然联系。土地是农民生活的根基，种地是农民最为基本的经济活动；土地不仅是农民最为重要的生产资料，而且承载着农民的价值信仰和精神寄托；农民有时候甚至将自己作为土地来源的一部分，认为自己是土地的儿子；基于土地对于农民的重要意义以及农民对土地的依赖，农民养成了对土地的崇敬和珍惜之情。[2]美国学者米格代尔同样指出，土地和农业生产是农民社会的核心，土地对于农民而言，不只意味着物质层面的价值，还具有生存保障

---

[1] 费孝通：《乡土中国 生育制度乡土重建》，武汉：长江文艺出版社，2019年版，第6—7页。

[2] 周晓虹：《传统与变迁：江浙农民的社会心理及其近代以来的嬗变》，北京：生活·读书·新知三联书店，1998年版，第42—45页。

和生活方式的重大意义。[①]

由此可见，在以农为主的传统时期，土地对于农民具有十分重要的意义，几乎承载着农民生存与发展、生产与生活、物质与精神的全部。在土地的这一重要意义之下，农民对待土地的态度和行为则可以概括为以土为本、惜土如金。所谓以土为本，即土地是农民生计的主要来源，农业是农民从事的主要职业，农村是农民生活的主要场所。在以土为本的时期，土地是最为重要的生产资料，土地的数量和质量直接决定着人们生活水平的高低，因此人们对每一寸土地都非常珍惜，认为"土能生黄金，寸土也要耕"。

改革开放以来，伴随着我国由传统的农业社会向现代工业社会的快速转型，农民与土地之间的关系不断发生着变化。尤其是2000年之后，当大量的农村劳动力实现了非农化转移，农民的生计由传统的以农为主向非农化转变之后，土地对于农民的意义发生了变化，农民的土地价值观也随之改变。

首先，土地的经济功能逐渐弱化。如前所述，农村经济体制改革以来，农民经营净收入的增长率及其对农民增收的贡献度逐渐下降，相比之下，工资性收入的增长率及其对农民增收的贡献度逐渐上升，尤其在2000年以后，工资性收入逐渐成为农民收入的主要来源。职业及收入的非农化转变，使农民的生产和生活都不再只依附于土地，而是逐渐转移到了城市。对于一部分农民而言，来自土地的收入虽然可以满足基本的生活需要，但满足不了他们追求更好生活的梦想。

其次，种地的机会成本越来越高。正如贺雪峰所分析的，农村大致由10%的进城户、70%的半工半耕户、10%的中农户以及10%的老弱病残户组成，除了10%的中农户由于转入了他人的土地进行适度的规模经营使其每年从农业中获得的收入可以大致相当于外出务工者的收入之外，其他近80%的农户从农业中获取的

---

①J. 米格代尔：《农民、政治与革命：第三世界政治与社会变革的压力》，李玉琪、袁宁译，北京：中央编译出版社，1996年版，第29页。

收入都比外出务工的收入要低。[①]基于经济理性的考虑，越来越多的农村青壮年劳动力更愿意选择外出务工而非在家种地，进而导致留守务农的劳动力日益老化弱化。

最后，土地的社会保障功能也在逐渐变化。几千年来，土地一直是农民赖以生存的基础和保障，即使是现在，虽然有很多的农民走进了城市，但大部分农民仍然无法割断与土地之间的联系。土地不仅是进城务工农民"退可守"的最后一道防线，也是留守农民安身立命的重要基础，而以土地承包经营责任制为基础的小农经济则是整个社会的"蓄水池"和"缓冲器"。然而，随着城乡社会保障体系一体化的不断推进，务工农民及其随迁家属在城市的工作和生活保障将逐步实现与城镇职工和居民的融合。如此一来，土地的社会保障功能将逐渐弱化。尤其是那些已经习惯了城市工作和生活的"80后""90后"农民工，他们很可能不会再回农村种地了，所以这部分人与土地的关系会越来越疏远。

土地对于农民的意义发生变化之后，农民的土地价值观逐渐改变。一方面，土地自身的价值是影响农民土地价值观的基础。受土地自然条件、土地供求关系、经济发展水平等诸多因素的影响，不同地区的土地被赋予了不同的价值。一般而言，平原地区的土地价值比山区和丘陵地区高一些；位于经济和产业发展较好地区的土地比经济欠发达地区的土地的价值要高。从这一方面来看，西北黄土高原地区的土地价值，无论是与东南部经济发达地区还是与中部广大平原地区的土地价值相比，都相对较低。

另一方面，不同年龄的农民与土地之间关系不同，因而具有不同的土地价值观。陈英等在包括甘谷县在内的天水市四县区，围绕农民对土地的财富价值、权力价值、情感价值的认知及其对土地投入、土地流转、土地经营规模、耕地保护、征地等方面的

---

① 贺雪峰：《论中坚农民》，《南京农业大学学报》（社会科学版），2015年第4期。

态度展开了研究，结果表明土地价值观的代际差异明显。[1]具体来看，留守务农者大多数是"50后""60后"的老年农民。土地对他们而言，是老年生活的保障。然而，在以代际分工为基础的半工半耕家计模式下，他们种地的最主要目的并不是收入，而是满足自身的日常生活所需，他们大多只想在力所能及的情况下将自家的承包地种好。相比之下，大多数"80后""90后"农民已实现了非农化转移，他们以常年定居的方式在城市从事着非农生产，基本无暇顾及老家的田地，如果没有留守的老人，他们只能将土地流转出去或者撂荒。但是，他们中的一部分人仍然认为土地是一笔宝贵的财富，可见土地对于他们而言仍然具有一定的社会保障功能。"70后"的农民一部分实现了非农化转移，一部分则由于种种原因继续留守务农。继续留守务农的"70后"上有老、下有小，是家庭的顶梁柱，他们不仅要依赖土地获取全家人的生活所需，而且希望通过努力达到与外出务工相当的经济收入水平，因此其转入土地进行规模经营的意愿强烈。

土地价值观的变化会影响人们对土地开发、利用和处置行为的变化。在接下来的章节，我们将从弃耕还草和退耕还林这两个方面来分析劳动力非农化转移之后，黄土高原地区的村民对土地开发利用行为的转变。

第二节　弃耕还草

一、耕地抛荒现状

伴随劳动力的大量非农化转移以及生计的非农化转变，农民对土地的开发利用行为逐渐发生了变化。其中，部分耕地被抛荒是农民土地利用行为变化的主要表现之一。弃耕抛荒的概念有广

---

[1] 陈英、谢保鹏、张仁陟：《农民土地价值观代际差异研究：基于甘肃天水地区调查数据的实证分析》，《干旱区资源与环境》，2013年第10期。

义和狭义之分，狭义的抛荒是指耕地在某一段时间内没有被耕种而荒芜的状态。但对于到底弃耕多长时间才算抛荒，学术界并没有统一的说法，有的认为是一年以上，还有的认为是一季以上。基于弃耕时间的长短，耕地抛荒被分为常年性抛荒和季节性抛荒。广义的抛荒既包括耕地闲置时的状态，也包括耕地虽未闲置，但没有被充分利用的状态，进而可分为显性抛荒和隐性抛荒。显性抛荒指耕地没有与劳动力相结合，隐性抛荒则指土地与劳动力虽然结合但是结合不充分的状态。[①]由于广义的抛荒较难度量，因此目前对抛荒的研究大多数针对的是狭义的抛荒。

目前尚缺乏关于耕地抛荒的全国性统计数据，但从部分地区的分散调查中我们可以看到弃耕抛荒的基本情况。四川省农业农村厅2008年对该省10个市、20个县、40个乡镇、77个村的103906亩耕地进行的调查显示：截至2008年4月底，在被调查的耕地中，抛荒耕地面积达5541亩，占被调查耕地面积的5.3%；在抛荒的耕地中，常年性抛荒的比例为43.5%，季节性抛荒的比例为56.5%。[②]安徽省巢湖市2000年的调查结果表明：1999年巢湖市农村土地抛荒面积约24万亩，占承包土地总面积的6%；在抛荒的耕地中，常年抛荒和季节性抛荒的比例分别为54%和46%。[③]2008年，湖南省耒阳市的调查结果显示：在全市被调查的35个村中，水田抛荒面积达13.3%，水稻"双改单"面积占43.7%。[④]黄建强等2008年对湖南省会同县15个村的45户农户进行了调查，统计结果表明被调查农户的平均耕地抛荒率为3.7%。黄建强等进一步表示，因为该县

[①] 杨国永、许文兴：《耕地抛荒及其治理：文献述评与研究展望》，《中国农业大学学报》，2015年第5期。

[②] 徐莉：《城市化进程中如何解决农地抛荒问题：以四川省为例》，《农村经济》，2010年第3期。

[③] 郏鼎玖、许大文：《农村土地抛荒问题的调查与分析》，《农业经济问题》，2000年第12期。

[④] 张东轩：《关于耒阳市耕地抛荒问题的思考》，《湖南农业科学》，2008年第6期。

实行了耕地抛荒问责制,所以实际抛荒率应该高于3.7%。[1]刘湖北等对甘肃省黄土高原区某村的调查结果表明,该村2015年的农地抛荒面积占耕地面积的52%,而2009年时该数据为35%,可见该村的抛荒面积正在逐年增加。[2]由上可见,一定比例的耕地被抛荒是当前很多农村地区普遍存在的现象。

在劳动力大量非农化转移的大趋势之下,谢村的一部分耕地也逐渐被抛荒。截至2016年,谢村被抛荒的耕地主要在以下几个地方:一是山顶的部分耕地,二是村庄大沟对面的部分耕地,三是地块小、坡度陡的部分耕地。这几块耕地的共同特点是:距离村庄较远,交通不便,土地坡度太大或相对贫瘠,耕种起来费时费力且收成较少。这些地在分地的时候被划为差等地。据文老师粗略估计,谢村被常年抛荒的耕地比例大约为10%。这些被抛荒的耕地逐渐变成了草地,如图5-1所示。

图5-1 山顶被弃耕后长满杂草的土地(笔者摄于2016年5月)

二、耕地抛荒的原因

总体来看,弃耕抛荒的原因主要有以下几个方面。一是劳动

---

[1] 黄建强、李录堂:《从农村劳动力视角探析耕地抛荒行为:基于会同县农村的实证研究》,《北京理工大学学报》(社会科学版),2009年第6期。

[2] 刘湖北、戴晶晶、刘天宇:《交易成本视角下的农地抛荒生成机理分析:以甘肃省J村为例》,《农村经济》,2016年第5期。

力相对缺乏。随着青壮年劳动力的大量外流，留守在家从事农业生产的大多数是老年人和中年妇女。劳动力的老化、弱化是耕地被抛荒的直接原因。二是农业的比较收益低。农业不仅投入成本高、机会成本高，而且市场风险大、自然风险大，因此比较收益较低，这是很多耕地被抛荒的根本原因。三是土地流转机制不健全。通过土地流转以实现规模化经营是解决耕地抛荒问题的重要途径，然而，受土地产权制度不明晰、土地市场发育不完善、土地流转交易成本高，以及农村社会保障水平较低等因素的影响，很多地方无人耕种的土地无法顺利流转而被抛荒。四是农田基础设施差。很多地区的农田基础设施是在20世纪六七十年代修建的，在几十年的使用过程中由于缺乏维护而损毁严重。因此，很多被抛荒的耕地是基础设施差、抗风险能力低、易受灾害的田地。五是耕地质量差。土地肥沃程度、海拔高低、水土流失状况和气候等自然条件是影响耕地质量的重要因素。耕地质量越差，投入成本越高，土地产出越低，越容易被抛荒。山区、丘陵以及经济欠发达地区的抛荒更为严重，就是因为这些地区的耕地自然条件太差。

具体来看，谢村的部分耕地被抛荒，主要受以下几个方面因素的影响。

第一，留守劳动力相对不足。如前所述，2000年之后，谢村的青壮年劳动力大量外流，留守务农人员逐渐老化、弱化。截至2016年，谢村只有330人长期生活于村内。从人口构成来看，留守的这330人，主要是中年妇女、未上学的幼儿和60岁以上的老年人。其中，从事农业生产的198人中，有135人是女性，她们留守在村庄里除了务农之外，有的还要照看年幼的孩子。在留守务农人员老化、弱化的状况之下，很多家庭的劳动力相对不足，一方面是劳动力数量上的不足，另一方面是劳动力体力上的不足。在劳动力数量和体力都不足的情况下，一部分家庭只能将远离村庄、不方便耕种的土地选择性地抛荒。还有一部分家庭的所有成员都已离开村庄，到城镇务工和生活了，但因其户籍仍在农村，所以耕地一直保留着。这些家庭的耕地，有的转包给了亲戚朋友，有的直接抛荒了。

第二，耕地质量较差，农业比较收益低。谢村的耕地，受地形地貌、气候、水文水利等条件的影响，总体而言质量较差。根据全国耕地质量等级调查与评定的结果，从全国耕地质量等级调查与评定划分的12个一级区来看，黄土高原地区的平均质量等别是总体最差的三个地区之一；从优、高、中、低等地在全国的分布来看，甘肃省是我国低等地的主要分布省份之一。[①]而谢村位于甘肃省中部黄土高原梁峁沟壑区，地形高低起伏，土地支离破碎，梯田依山而建，地块大小不一，不仅耕种起来费时费力，而且无法像平原地区那样实现规模化、机械化的耕种和收割。虽然村民也开始使用一些小型配套机械设备，比如旋耕机、电动手推车等来节省劳动力，但与平原地区相比，山区的农业生产还是需要耗费更多的人力。再加上十年九旱的气候条件和缺乏灌溉的水利条件，庄稼的收成往往得不到保障。因此，总体来看，谢村不仅耕地质量较差，而且在耕种过程中需要投入更多的人力。

> 我们村的耕地大部分地形复杂，只有那块川地稍微平坦一些，其余的耕地要么在山上，要么在山下，甚至还有一些在山的对面。光是走到这些地里就很不容易，更不用说把庄稼收回来。以前没有电动车的时候，有些地里的庄稼是靠人力车运回来的。但女孩子们的力气较小，四个姑娘拉一辆架子车都很吃力。还有一些不方便使用架子车的地块，就只能用肩膀挑了，这样更费力。因此，家里没有男劳动力是根本不行的。如今，虽然逐渐引入了一些机械化设备，但我们这里的地形并不像平原那样便利，操作起来依然费事。有些地块偏远且坡度大，交通不便，电动车也难以到达，最终还是得依靠人力。此外，我们这边的地

---

① 程锋、王洪波、郧文聚：《中国耕地质量等级调查与评定》，《中国土地科学》，2014年第2期。

块较小，无法形成规模化耕种，因此很少有人愿意进行集体承包。

——摘自2016年5月13日对文老师的访谈

在耕地质量较差且需要投入更多劳动力的情况下，农业收入的提高受到了诸多限制。虽然近几年来花椒市场价格较高，种植花椒收益可观，但在人多地少且难以实现规模经营的情况下，每个家庭能够种植的花椒数量也是有限的。反过来看，花椒种植所带来的较高收益在一定程度上又成为阻碍土地流转的因素之一。很多家庭在花椒较高收益的刺激下，即使面临着留守劳动力不足的情况，也不愿意将土地流转出去。这样一来，一方面受种植规模的限制，每个家庭农业收入的提高水平相对有限；另一方面，很多家庭为了让有限的劳动力集中于花椒种植，不得不将一部分费时费力且收益低的耕地抛荒了。

第三，随着务工收入的不断增加，村民对农业收入的依赖逐渐减少。在20世纪八九十年代，农业收入仍然是大部分家庭的主要经济来源，耕地作为重要的生产资料，是人们生活的重要基础和保障。人们为了在有限的土地上获取更多的收成，不得不最大限度地开发和利用每一寸土地，可谓"寸土寸金"。因此在这一时期，无论是山顶的土地，还是大沟对面的土地，甚至是原本种着刺槐的沟坡地，都被人们开发出来种上了庄稼。2000年之后，随着外出务工人数的不断增加，务工收入逐渐取代农业收入成为村民的主要经济来源，人们对土地的依赖程度就逐渐降低了。对于那些长期生活在城市、已经脱离农村及农业生产的村民来说，农村和土地逐渐成为一种"退可守"的生存保障和心理安慰。对于大部分留守的村民来说，他们也只是希望从土地上获取基本的日常生活所需，并没有太高的经济收入要求。在这种情况下，一部分费时费力的土地就被抛荒了。

第四，质量差的耕地难以实现流转。目前，谢村的土地流转主要限于村内，那些无人种地的家庭大多将土地流转给了村内有能力耕种的亲戚朋友。因为流转的对象要么是亲戚，要么是朋友，所以流转费用较低，有的甚至直接无偿流转。对于转入者而言，即使是在无偿流转的情况下，他们也不愿意接手那些耕种和收获都费时费力的土地。

1970 年出生的文平是谢村为数不多的留守务农的青壮年劳动力。文平家里一共八口人，夫妻二人再加上六个孩子。文平留守在家的主要目的是照顾孩子。他的家庭收入主要由三部分组成：一是种地。除了耕种自家的土地，还转包了一些无人耕种的土地。二是经营小卖部。他们家在村里开了一个小卖部，销售日常生活用品，主要由妻子打理。三是吹唢呐。文平有吹唢呐的手艺，是谢村唢呐班的领头。平日里，附近村民家里的红白喜事需要用到唢呐时，都会请他们过去演奏。通过文平的讲述，我们可以了解到谢村的土地流转状况。

> 我家孩子多，负担重，老婆身体又不好，所以我没有出去打工。这个小卖部虽然收入不多，但可以补贴家用。另外，我是村里唢呐班的领头，一年下来也能挣到两万多块钱。再就是种地的收入，目前我种了十几亩地。这十几亩中，除了四亩是自家的，其他地都是别人家的。我的一个亲戚，一家人全都外出了，土地没人管理，我就接过来种了。因为是亲戚，所以我基本上没给什么承包费。还有几亩是我兄弟家的，他们也都出去了，我每年给他们一点粮食。十几亩地种下来，一年能有五六万元的收入。现在种花椒收入高，但是采摘很费事，种多了也忙不过来。村里其实还有好多地都空着，但是那些地都太远了，种起来特别费事，所以我只选择一些条件好一点的地种着，不然就不划算。我们这边的山地不好种，所以没有外面的人来承包。现在有能力的人都出去打工了，都不愿意在家种地。

——摘自2016年5月18日对村民文平的访谈

综上所述，受劳动力大量外流、耕地质量较差、农业比较收益低、土地保障功能弱化、耕地无法顺利流转等多方面因素的影响，谢村一部分土地被抛荒了。在整个黄土高原地区，像谢村一样，土地被抛荒的情况正在普遍发生。我们不难推测，随着村庄劳动力的进一步非农化转移，该地区将有更多的土地被抛荒。从黄土高原农耕文明的发展趋势来看，目前这些质量较差、被抛荒的耕地，正是当初在人口不断增加的压力之下被开垦出来的耕地。这些耕地要么位于山顶，要么在陡坡边上，原本就是不适合耕种之地。现在，随着村庄人口压力的不断减小，这些土地被抛荒，可以说是符合人口、环境互动规律的一个自发过程。

三、耕地抛荒的生态后果

对于弃耕抛荒所产生的影响，学术界的思考主要集中在粮食安全和生态环境两个方面。关于弃耕抛荒与粮食安全之间的关系，目前存在着两种不同的观点。一部分学者认为，弃耕抛荒是土地资源的闲置与浪费，抛荒面积的持续增加是粮食安全的重大隐患。[1]基于这一观点，不少学者提出通过明晰产权、推进耕地流转、设置耕地空置税、培育新中农、完善社会保障机制等一系列措施来治理抛荒。[2]另一部分学者则认为，目前很难建立弃耕抛荒与粮食安全隐患之间的明确关系，弃耕抛荒并不等于耕地减少，一旦粮食出现紧张，被抛荒的耕地在适当的刺激之下，是可以得到复耕的，因此，从长期来看，弃耕抛荒并不足以影响粮食安全。[3]同时，弃耕抛荒在客观上降低了土地的使用频率，对土壤肥力具有一定的保护作用，因此可以更好地保障耕地的综合生产能

---

① 李赞红、阎建忠、花晓波等：《不同类型农户撂荒及其影响因素研究：以重庆市12个典型村为例》，《地理研究》，2014年第4期；肖冬华：《耕地抛荒问题研究》，《云南农业大学学报》，2009年第1期。

② 杨国永、许文兴：《耕地抛荒及其治理：文献述评与研究展望》，《中国农业大学学报》，2015年第5期。

③ 罗拥华：《耕地抛荒必然危及国家粮食安全吗》，《现代经济探讨》，2012年第10期。

力。①基于这种观点，对于生态脆弱地区的弃耕抛荒行为，则无须进行特别的治理。将易于造成水土流失或土地沙化的土地弃耕抛荒，反而有助于生态环境的恢复。总体而言，目前关于弃耕抛荒与粮食安全之间的关系判断，大多只是基于逻辑推演而得出的论断，并没有确切的经验数据和实证证明。因此，需要在掌握弃耕抛荒准确数据的前提下，对二者之间的关系做出更为科学合理的分析。

关于弃耕抛荒对生态环境的影响，国外学者进行了较多的研究，主要集中在水土流失、生物多样性、景观变化等几个方面。②对于本书所关注的弃耕抛荒与水土流失之间的关系，他们认为弃耕抛荒之后，随着自然植被的恢复和演替，土壤的抗冲性和渗透性都有所增强，从而使得地表径流速度降低、土壤持水量增加，有助于水土保持和生态恢复。

在国内，自然科学领域的学者从不同的角度对黄土丘陵区弃耕抛荒的生态后果进行了大量研究，并得出了较为一致的结论。如前所述，黄土高原，尤其是黄土丘陵区，受地形支离破碎、植被覆盖率低、土壤抗蚀性差、暴雨强度大且集中等多种因素的影响，成为我国水土流失最为严重的地区之一，也是国家生态治理的重点区域。在该地区的生态治理中，将坡耕地退耕还林还草或自然抛荒，是生态修复的几种重要途径。相比之下，自然抛荒是在人为干预较少的情况下，依靠自然植被的恢复演替、土壤理化性质的改变等过程来达到生态修复目的的一种方式。针对黄土丘陵区已经普遍发生的弃耕抛荒情形，自然科学相关领域的学者主要从植被恢复及演替、土壤的抗冲性和透水性、土壤养分变化等几个方面对弃耕抛荒的生态后果进行了研究。目前来看，大部分研究结果肯定了黄土高原区弃耕抛荒的水土保持及生态修复效果，为该地区的生态建设工作提供了科学的理论依据。

---

① 马清欣、何三林：《对当前农村耕地撂荒和耕地质量下降问题的探讨》，《中国农业资源与区划》，2002年第4期。

② 李升发、李秀彬：《耕地撂荒研究进展与展望》，《地理学报》，2016年第3期。

从植被的恢复演替来看，随着抛荒年限的延长，植物物种丰富度指数、多样性指数、均匀度指数、植被覆盖度、地上生物量等都有一定程度的增加；相同土壤层的根系生物量、根长密度也随抛荒年限的延长而增加。从总体来看，弃耕抛荒可以提高黄土丘陵区的植被覆盖度，进而对该地区的生态系统恢复、自然环境改善、水土保持等都有明显功效。[1]

从土壤微生物含量来看，随着抛荒年限的延长，土壤微生物量总体呈波动式增加。弃耕抛荒后，随着植被的逐渐恢复和演替，微生物代谢可供利用的物质逐渐丰富，微生物群落的食物网也逐渐趋于复杂，生态系统因而更加趋于稳定。从土壤的养分含量来看，弃耕抛荒后，原来的开放性物质循环系统转变为封闭或半封闭的物质循环系统，土壤的营养元素、水分及植物残体等物质可以重新返回系统之中，土壤养分能够得到有效补给；再加上微生物量的增大和活性的增强，使土壤的物质代谢能力加强，从而促进了土壤的养分积累，改善了土壤的性质。改善后的土壤进而为植被恢复提供更多的营养物质，二者相互促进，互为动力。另外，地表覆盖度的增大，可以有效防止或减轻水蚀和风蚀，减少土壤养分流失。[2]

从土壤的抗冲性来看，弃耕抛荒后，随着植被的恢复和演替，地表枯枝落叶在不断累积、分解的过程中，会产生大量的有机酸和小分子物质，为土壤微生物的生长和活动提供可利用的碳、氮元素，微生物活动时的分泌物有利于土壤团聚体的形成，从而提高土壤的抗冲性。[3]此外，弃耕抛荒后，由于不再受到人为翻耕作用的影响，表层土壤在降雨的长期击溅下不断被夯实，再加上地衣类植物的作用，在土壤表面形成一层"保护层"，从而有效提高

---

① 师阳阳、陈云明、张光辉等：《不同退耕年限撂荒地植物多样性及生物量分析》，《水土保持研究》，2012年第6期。

② 薛萐、刘国彬、戴全厚等：《黄土丘陵区退耕撂荒地土壤微生物量演变过程》，《中国农业科学》，2009年第3期。

③ 李超、周正朝、朱冰冰等：《黄土丘陵区不同撂荒年限土壤入渗及抗冲性研究》，《水土保持学报》，2017年第2期。

了土壤的抗冲性。随着抛荒年限的增加，土壤的抗冲性在表层土壤上先增加后趋于稳定，在中层土壤上呈稳定增加趋势，而在下层土壤上无显著变化。[①]

从土壤的透水性来看，弃耕抛荒后，随着自然植被的恢复，土壤被植物根系缠绕固结，再加上穿插根系的死亡腐解和矿化，土壤大孔隙的数量增加，土壤的渗透能力大大增强。[②]此外，随着植被的逐渐恢复，聚集在地表的枯枝落叶，可以减少土壤结皮的发生，从而降低结皮对入渗的影响。同时，由于土壤根系的生长和剪切作用，土壤空隙含量增大，进而增强了土壤的入渗能力。随着抛荒时间的延长，表层土壤、亚表层土壤、底层土壤的初始入渗速率先快速增加，后逐步趋于稳定。抛荒时间越长，土壤渗透性能越强。[③]

综上所述，在黄土丘陵区，随着弃耕抛荒年限的延长，地面植被覆盖度、物种丰富度、土壤抗冲性和渗透性等将增强，土壤微生物含量和养分含量将增多，进而使得水土流失减缓，生态系统向健康方向发展。因此，弃耕抛荒对于该地区的水土保持和生态恢复具有积极作用。

第三节　退耕还林

一、退耕还林工程的实施

退耕还林（含还草，下同）是从保护和改善生态环境出发，将易于造成水土流失和土地沙化的耕地，有计划、有步骤地停止

---

① 李强、刘国彬、许明祥等：《黄土丘陵区撂荒地土壤抗冲性及相关理化性质》，《农业工程学报》，2013年第10期。

② 罗利芳、张科利、李双才：《撂荒后黄土高原坡耕地土壤透水性和抗冲性的变化》，《地理科学》，2003年第6期。

③ 勃海锋、刘国彬、王国梁：《黄土丘陵区退耕地植被恢复过程中土壤入渗特征的变化》，《水土保持通报》，2007年第3期。

耕种，并按照"宜乔则乔、宜灌则灌、宜草则草"的原则，因地制宜地植树造林，以恢复林草植被的一项系统工程。该工程政策性强、投资量大、涉及面广，是一项重大的生态建设工程。

1999年，退耕还林工程率先在水土流失较为严重的四川、陕西、甘肃三省试点实施。2002年1月，国务院西部开发办公室、国家林业和草原局召开全国退耕还林电视电话会议，宣布退耕还林工程全面启动；同年12月，国务院第66次常务会议审议通过并颁发《退耕还林条例》，退耕还林工作从此步入法治化管理轨道。之后，退耕还林工程在25个省（区、市）和新疆生产建设兵团的287个地市（含地级单位）2435个县（含县级单位）全面实施。[①]退耕还林实践分为1999—2013年的前一轮退耕还林和2014年起实施的新一轮退耕还林。

前一轮退耕还林主要分为三个阶段：1999—2001年试点示范，2002—2006年全面实施，2007—2013年巩固成果。经过努力，累计完成工程建设任务4.47亿亩，其中，退耕还林1.39亿亩，宜林荒山荒地造林2.62亿亩，封山育林0.46亿亩，工程区的森林覆盖率不断提高，3200万农户1.24亿农民直接受益。[②]

前一轮退耕还林工程虽然成效显著，但从整体来看，我国的水土流失和风沙危害等生态问题依然严峻。全国仍有大面积的坡耕地和沙化耕地在继续耕种，地力衰退、江河淤积以及重要水源地涵养水源能力的下降，严重威胁到人民群众的生产、生活和生命财产安全，严重制约着生态文明建设进程和经济社会的可持续发展。2014年，为解决中国水土流失和风沙危害问题、增加森林资源、应对全球气候变化，国务院正式批准《新一轮退耕还林还草总体方案》（以下简称《总体方案》），退耕还林工程再启征程。

新一轮退耕还林在确保省级耕地保有量和基本农田保护任务

---

① 资料来源于国家林业和草原局发布的《中国退耕还林还草二十年（1999—2019）》白皮书。

② 资料来源于国家林业和草原局发布的《中国退耕还林还草二十年（1999—2019）》白皮书。

的前提下，将 25 度以上坡耕地、重要水源地 15—25 度坡耕地、陡坡梯田、严重石漠化耕地、严重污染耕地、移民搬迁撂荒耕地等纳入工程范围。2019 年，国务院又批准扩大山西等 11 个省（区、市）贫困地区陡坡耕地、陡坡梯田、重要水源地 15—25 度坡耕地、严重沙化耕地、严重污染耕地退耕还林规模 2070 万亩。新一轮退耕还林的总规模超过 1 亿亩。①

总体来看，退耕还林作为一个生态系统工程，在改善生态环境、助推农民增产增收、促进农村产业结构调整、增强全民生态意识以及应对全球气候变化等方面都取得了显著成效。在改善生态环境方面，20 多年来，退耕还林工程区林草植被大幅度增加，森林覆盖率平均提高 4 个多百分点，一些地区提高十几个甚至几十个百分点。据监测，全国 25 个工程省区和新疆生产建设兵团退耕还林每年涵养水源 385.23 亿立方米、固土 6.34 亿吨、保肥 2650.28 万吨、固碳 0.49 亿吨、释氧 1.17 亿吨、提供空气负离子 8389.38×10^{22} 个、吸收污染物 314.83 万吨、滞尘 4.76 亿吨、防风固沙 7.12 亿吨。全国重点河湖周边水土流失状况明显改善，北方地区严重沙化耕地得到有效治理。在助推农民增产增收方面，工程实施以来，全国 4100 万户农户参与其中，1.58 亿农民直接受益，经济收入明显增加。截至 2019 年，退耕农户户均累计获得国家补助资金 9000 多元。②同时，退耕后农民增收渠道不断拓宽，农民收入更加稳定多样。在促进产业结构调整方面，停止耕种水土流失、风沙危害严重的劣质耕地，恢复林草植被，优化了土地利用结构，促进了农业结构调整，使许多地区跳出了"越穷越垦、越垦越穷"的恶性循环。在增强全民生态意识方面，退耕还林实践使生态优先、绿色发展的理念逐步深入人心，人们对生产发展、生活富裕、生态良好的发展道路有了更加深刻的认识。从全球生态治理来看，

①资料来源于国家林业和草原局发布的《中国退耕还林还草二十年（1999—2019）》白皮书。

②资料来源于国家林业和草原局发布的《中国退耕还林还草二十年（1999—2019）》白皮书。

我国实施的大规模退耕还林是一项伟大创举，为增加森林碳汇、应对气候变化、参与全球生态治理作出了重要贡献。

甘肃省是率先开展前一轮（1999—2013 年）退耕还林工程的省份之一。甘肃省的农业发展深受自然因素的制约，基础条件脆弱、经营方式粗放、比较收益较低，尤其是海拔较高、气候严寒、交通闭塞的秦巴山区、六盘山区、藏区以及风沙危害严重区，农业生产条件十分不利，粮食产量低而不稳，种植收益低下。在这些地区实施退耕还林，不仅不会影响粮食安全，而且能够从源头上遏制水土流失和风沙危害，加快生态环境的改善，使农民从贫瘠的土地上解放出来，促进农村生产生活方式的转变，提高农业生产力，进而提升农民的生活质量。在前一轮退耕还林中，甘肃省累计完成工程建设面积达 2845.3 万亩，累计治理陡坡和沙化耕地 1003.3 万亩，绿化宜林荒山荒地 1605.5 万亩，封山育林 236.5 万亩，工程建设使全省的植被覆盖率提高了约 4 个百分点，每年生态效益总价值量达 848.94 亿元，惠及全省 14 个市（州）、85 个县（市、区）、166.9 万农户、728.5 万农村人口，取得了显著的生态、经济和社会效益。[①]从 2014 年开始，甘肃省在总结前一轮退耕还林工程建设经验的基础上，继续推进新一轮的退耕还林工程。截至 2019 年，新一轮退耕还林工程已完成退耕还林 657.8 万亩，惠及 14 个市（州）80 个县（市、区）的 72.14 万农户。退耕还林在涵养水源、保育土壤、防风固沙、改善生态等方面作用显著，每年生态效益总价值量达 978.09 亿元。[②]

甘谷县的退耕还林自 1999 年开始，先后经历了三个阶段。第一阶段为 1999—2006 年。这一阶段的退耕还林坚持"以陡坡地为主，以宜林荒山荒地为主，以生态林为主，以个体承包制为主"

[①] 甘肃省退耕还林工程建设办公室：《甘肃省退耕还林工程建设的成效与启示》，《甘肃林业》，2015 年第 5 期。

[②] 资料来源于《退耕还林 兴陇富民：写于甘肃实施退耕还林工程 20 年之际》，载甘肃省林业和草原局网站（https://lycy. gansu. gov. cn/lycy/c105858/201908/9b093f5e3b1e4dc5bb89f746e55f558f.shtml）。

的原则，总体思路为：南北浅山果椒带，渭河川区种花卉，各乡因地栽果树，突出特色抓规模。此阶段退耕还林面积8687.27公顷，其中大部分为生态林，但由于群众积极性不高，管护不到位，因此林木生长不理想，生态效益不显著。[①]第二阶段为2007—2013年。这一阶段，在国家对退耕还林政策进行调整的大背景下，甘谷县以巩固已有林地为主。第三个阶段是2014年至今。2014年，新一轮的退耕还林工程开启之后，甘谷县坚持生态建设产业化，产业发展生态化的理念，将退耕还林工作与发展林果产业相结合。根据市场需求，立足自身的土壤及气候优势，甘谷县在这一阶段大力推广苹果、花椒、核桃等经济树种的种植，以期在增加退耕农户经济收入的同时，达到改善生态环境的目的。

总体来看，甘谷县的退耕还林工程与"三北"防护林、天然林保护等工程一起，使该县的植被覆盖率不断提高，生态建设效果显著。

二、特色经济林的发展

在退耕还林政策的推动下，工程区的经济林得到了大力发展。截至2013年底，全国经济林种植面积已达3781万公顷，总产量1.48亿吨，经济林种植与采集业年产值达到9240.37亿元，占林业第一产业产值的50%以上；全国近千个特色经济林重点县，经济林收入占到当地农民人均纯收入的20%以上，成为农村特别是山区农民收入的重要来源。[②]新一轮的退耕还林为了充分调动广大农民群众的参与积极性，采取"自下而上、上下结合"的建设方式，充分尊重农民的意愿，退不退耕，还林还是还草，种什么品种，主要由农民自己决定，政府只是进行政策引导和技术支持。在新一轮退耕还林政策的激励下，各地退耕发展经济林的热情高涨，

---

① 王全生：《甘谷县退耕还林工程存在的问题与对策》，《农业科技与信息》，2017年第17期。

② 资料来源于《国家林业局关于加快特色经济林产业发展的意见》，载中国政府网站（https://www.gov.cn/xinwen/2014-11/24/content_2782625.htm）。

仅 2015 年、2016 年，全国退耕发展经济林的面积就分别达 518 万亩和 818 万亩，均超过年度总任务的 50%。

在新一轮的退耕还林工程启动的同时，《全国优势特色经济林发展布局规划（2013—2020 年）》（以下简称《规划》）开始实施。《规划》指出，经济林是森林资源的重要组成部分，经济林产业是集生态、经济和社会效益于一身，融第一、第二、第三产业为一体的生态富民产业，是生态林业和民生林业的最佳结合。《规划》将全国划分为五大优势特色经济林片区，重点选择 30 个树种，分为优势经济林和特色经济林两类，分别确定不同的重点发展区域。五大优势特色经济林片区分别为东北中温亚寒带片区、西北大陆性温带片区、华北黄河中下游暖温带片区、南方丘陵山地亚热带片区以及西南高原季风性亚热带片区。优势经济林包括油茶、核桃、板栗、枣、仁用杏 5 个树种，确定的发展区域为 804 个重点基地县；特色经济林包括油橄榄、榛子、花椒、香榧、蓝莓等 25 个树种，确定的发展区域包括 271 个重点基地县。[①]2021 年，全国经济林种植面积保持在 6 亿亩以上，年产量超过 2 亿吨，产值超过 2.2 万亿元，核桃、油茶、板栗、枣、苹果、柑橘等主要经济林面积和产量均居世界首位。从事经济林种植、加工和经营的国家林业重点龙头企业达到 104 家，核桃、油茶、板栗、枣、花椒、枸杞、苹果、柑橘等 174 个经济林产区入选中国特色农产品优势区。全国经济林加工利用产值达到 6148 亿元，较 2012 年增长 112.6%。[②]

除了退耕还林、发展优势特色经济林等相关政策推动之外，大量的市场需求也是甘谷县花椒、苹果、核桃等经济林木得到快速发展的重要原因。花椒和苹果一直是甘谷县的传统经济树种，从 20 世纪八九十年代开始，甘谷县为发展经济就尝试通过各种途径在县域内推广苹果、花椒等经济树种的种植。但在 2006 年之前，

---

① 资料来源于《国家林业局关于加快特色经济林产业发展的意见》，载中国政府网站（https://www.gov.cn/xinwen/2014-11/24/content_2782625.htm）。

② 资料来源于《林茂果硕庆丰收》，载国家林业和草原局网站（http://www.for-estry.gov.cn/c/www/ggzyxx/45834.jhtml）。

受经济发展水平、市场行情、种植技术、树木品种等多种因素的影响，苹果树和花椒树并未得到大面积发展。2006年以后，苹果、花椒的市场价格渐长。以花椒为例，2006年左右，一斤干花椒的价格涨到了6~8元，这样一来，每亩花椒的毛收入可达2000~3000元，相当于每亩粮食作物收入的3~4倍。在政府的大力推广和高收益的刺激下，甘谷县的花椒种植面积快速增加。尤其从2013年开始，每斤干花椒的价格涨到了40多元，2014年、2015年继续上涨，到2016年每斤干花椒的价格已超过50元，这样一来，一亩花椒的毛收入为1万~1.3万元，除去采摘等成本，一亩花椒的净收益可达6000~8000元。在花椒种植已成规模的村庄，有的农户一年的花椒收入可高达20万元，而收入超过10万元的农户不在少数。这对于当地的村民而言，的确是一笔不少的收入。除了花椒，一亩苹果园的毛收入也可高达2万元。2022年，甘谷县苹果树种植面积达36万亩，产量63万吨，产值18.5亿元[1]；花椒种植面积22万亩，产量1.5万吨，产值11.5亿元，万亩以上的乡镇达到8个，花椒种植户近10万户[2]。苹果和花椒产业已成为带动全县乡村产业振兴和群众增收致富的重要支柱产业。

谢村花椒树和苹果树的大面积种植也是在2006年之后。在此之前，谢村也尝试过经济林木的发展，但未成功。1985年秋，谢村在政府的帮助下，从当时种植花椒的秦安县引进了花椒树种，但当时花椒市场价格较低，因此种植规模较小。1990年，乡政府开始在谢村推广苹果树的种植。当时的谢村将最好的一块川地（约100亩）规划出来种上了苹果树。然而，受以下几个方面因素的影响，这一时期的苹果树种植并未取得良好的收益。一是在当时的经济条件下，人们以粮为纲的种植观念还未完全转变。虽然他们将苹果树种在了地里，但平常疏于管理，且依旧在苹果树下

---

① 资料来源于《甘谷苹果》，载甘谷县人民政府网站（http://www.gangu.gov.cn/info/7201/454012.htm）。

② 资料来源于《甘谷花椒》，载甘谷县人民政府网站（http://www.gangu.gov.cn/info/7201/315111.htm）。

套种各种粮食作物，因此苹果树的长势欠佳，产量也不高。二是当时苹果树的品种不好，市场价格也不高，其收益与粮食作物相比，优势并不明显，因此人们的种植动力并不强。三是20世纪90年代正值干旱期，粮食产量大幅度下降，人们出于温饱的考虑，也不愿意占用最好的耕地来种植苹果。在疏于管理和长期干旱的共同作用下，到2000年左右，一部分苹果树直接枯死了。而这一时期党参的市场价格较高，收益更好，因此党参是该时期谢村的主要经济作物。总体来看，这一时期谢村的种植结构仍然以粮食作物为主，经济作物主要是党参，而苹果树、花椒树的种植并未形成规模。

从2006年开始，谢村的一部分村民从花椒种植较早且发展较好的南山区引进花椒新品种进行种植。2010年之后，干花椒的价格一路上涨，种植花椒的收益越来越高，在比较利益的驱动下，谢村的花椒种植面积快速增加。据文老师估计，谢村大约40%的耕地种上了花椒树。与此同时，苹果的市场价格也不断上涨，一部分村民在2010年之后开始种植苹果，谢村大约有10%的耕地上种植着苹果树。总而言之，谢村大约有50%的耕地上种植着花椒和苹果等经济树种，再除去10%左右的抛荒地，还剩下大约40%的耕地用于种植粮食、蔬菜，以满足村民的日常生活所需。综上所述，2006年之后，随着花椒、苹果等经济作物的市场价格的不断提高，谢村的种植结构逐渐从之前的以粮食作物为主转变到以经济作物为主。

考虑到耕种和收获的难度，谢村村民一般将交通便利、较为平坦的川地种植粮食作物，而在较为偏远、坡度较陡的山坡地种植花椒和苹果等经济树木。在这种种植结构之下，加上山顶被抛荒的耕地以及沟坡地重新长起来的刺槐，谢村形成了"山顶草地—山坡经济林木—川地粮食作物—沟坡地刺槐"的植被覆盖体系。从防止水土流失的角度来看，这样的植被覆盖体系比之前以粮食作物和党参为主的植被覆盖体系更加有利于水土的保持。因此，总体来看，谢村的环境有逐渐向好的趋势。

三、退耕还林的综合效益

植被覆盖变化既是区域生态系统变化的指示器，也是影响土壤侵蚀与水土流失的主要因子。长期以来，人们为满足自身需求而过度毁林开荒的不合理土地利用行为，是导致黄土高原生态环境持续恶化的重要原因。相比之下，退耕还林工程则通过坡耕地及沙化耕地的植被恢复与重建、优势特色经济林产业的发展以及相关配套基础设施的完善，治理了水土流失、显著改善了生态环境，同时，产生了优化产业结构、转变农业发展模式、提高农民收入、促进人与自然和谐共生的经济、社会综合效益。

（一）退耕还林的生态效果

方德昆等研究发现，自国家实施退耕还林工程以来，黄土高原暖季归一化植被指数（NDVI）呈显著增加趋势，且归一化植被指数增加区域与退耕还林重点区域范围基本一致。土地利用结构的变化，即耕地向林地、草地转换是归一化植被指数呈上升趋势的主要原因。2000—2020 年，黄土高原耕地转换为草地、耕地转换为林地、草地转换为林地的面积共计 $6.7×10^4$ 平方千米，占同期土地利用变化总面积的 43.9%，其中耕地转换为草地的面积百分比最大（29.3%），可见这二十年的生态建设工程成效显著。[1]随着植被覆盖度指数的不断增加，黄土高原入黄泥沙量逐渐减少。以黄河干流潼关水文站的年均输沙量为例，由 1919—1959 年的 16 亿 t/a，锐减至 2001—2018 年的 2.44 亿 t/a。[2]植被覆盖度的不断增加之所以减少了入黄泥沙量，是因为林草植被减少了降雨对黄土高原的土壤侵蚀。森林的林冠可截留 15%~40% 的降雨量，降低雨水对地面的溅蚀和冲刷，形成水土保持的第一道防线；枯枝落叶层能

---

①方德昆、闫小月、张学珍等：《1982—2022 年黄土高原归一化植被指数变化的时空特征》，《中国环境监测》，2023 年第 5 期。

②胡春宏、张晓明、赵阳：《黄河泥沙百年演变特征与近期波动变化成因解析》，《水科学进展》，2020 年第 5 期。

够阻挡并分散一部分水流，减少地表径流对土壤的侵蚀，形成水土保持的第二道防线；树木的根系则使土壤变得疏松多孔，增加土壤的透水性和蓄水能力，形成水土保持的第三道防线。在三道防线共同作用下，森林能够使黄土高原的细沟侵蚀和面蚀都大大减少，从而减少黄土高原的水土流失面积。退耕还林还使西北地区的气候状况得到改善，随着植被覆盖面积的增加，地面温度有所降低；黄河、长江中游的夏季风加强；高原和华北地区的降水量增加，土壤含水量有所上升。[①]总而言之，国家在黄土高原开展的小流域水土流失综合治理、退耕还林、梯田和淤地坝建设等一系列生态工程，对黄土高原地区植被覆盖度的增加、水土流失的减缓以及区域生态环境的改善，都有显著成效。

（二）退耕还林的经济效益

退耕还林不仅是一项生态修复工程，还是一项惠民工程。退耕还林通过量大时长的补偿机制，使生态脆弱地区的农民逐渐从广种薄收的粮食种植中解放出来，按照市场经济的需求，因地制宜地发展经济林果业、草畜养殖业等特色产业，拓宽致富门路，有效增加经济收入。从甘肃省来看，退耕还林不仅通过发放直补资金使全省退耕农户直接受益，而且通过坡耕地的还林还草带动了特色林果业和畜牧业的快速发展。截至 2017 年底，甘肃省林果栽植面积 2365 万亩，已挂果面积 1273 万亩，年产量 558 万吨，年产值 453 亿元。特色林果业的发展，不仅增加了农民的收入，而且优化了产业结构。特色经济林果业的大力发展，带动果品加工、运输、销售、包装、餐饮等第二、三产业的发展。甘肃省三大产业结构由 1999 年的 21∶45∶34 调整到 2017 年的 11.55∶34.34∶54.13，

---

① 赵靖川、刘树华：《植被变化对西北地区陆气耦合强度的影响》，《地球物理学报》，2015 年第 1 期。

第三产业比重逐渐超过第二产业，独占半壁。①此外，退耕还林还促进了农村劳动力的进一步转移，大量农村劳动力逐渐摆脱了土地的束缚。劳动力的非农化转移一方面增加了农民的经济收入，另一方面缓解了黄土高原地区的人口压力，为产业结构的进一步调整以及生态环境的恢复提供了空间。

（三）退耕还林的社会效益

退耕还林不是简单地植树种草，而是涉及农业、农村以及农民的方方面面。需要退耕还林的地区，往往是生态环境脆弱、生产条件艰苦的贫困地区，其道路、水利、电力等配套设施都较差。因此，新一轮的退耕还林工作逐渐与移民建镇、扶贫搬迁、产业结构调整等工作结合在一起，共同探索贫困地区发展的新路子。在这一过程中，通过修梯田、打水窖、通道路、建沼气池等，达到改善生产生活条件、夯实农业发展基础、拓宽农民增收渠道，引导农民逐渐走上生产发展、生活富裕、生态良好的绿色文明之路的目的。依托退耕还林政策大力发展起来的苹果、花椒、核桃、蜜桃等生态经济兼用型树种，不仅增加了当地的植被覆盖度，有效遏制了水土流失，还大大增加了农民的收入，农村的环境面貌也得以改善。

综上所述，退耕还林通过坡耕地和沙化耕地的植被恢复与重建，以及产业结构的优化调整，引导生态脆弱地区的农民逐渐转变对土地的利用方式，从而走出"毁林开荒、广种薄收、越垦越穷、越穷越垦"的生态与生产交织的恶性循环，逐渐走向"合理垦殖、优种多收、经济发展、生态恢复"的良性发展之路。

---

① 资料来源于《退耕还林 兴陇富民：写在甘肃实施退耕还林工程20年之际》，载甘肃省林业和草原局网站（https://lycy.gansu.gov.cn/lycy/c105858/201908/9b093f5e3b1e4dc5bb89f746e55f558f.shtml）。

第四节 土地利用行为转变：
比较利益驱动下的理性选择

一、农民的理性

通过前面的分析可知，2000 年以后，伴随劳动力的大量非农化转移以及生计的非农化转变，黄土高原地区的农民对土地的利用方式也逐渐发生了改变。从"寸土寸金"到弃耕抛荒、从"以粮为纲"到大力发展经济林，农民对土地开发利用行为转变的背后，有着什么样的行动逻辑呢？理性选择理论为我们提供了一个很好的分析视角。

理性选择理论是经济学、社会学等用于解释社会行动的重要理论之一。承认人的行为是受"理性"支配的，是理性选择理论的基本前提。在传统的经济学理论中，"经济人"的理性假设占据了主导地位，即每个行动者都以自身利益最大化为目标，都希望以尽可能小的代价换取尽可能大的利益。作为理性经济人，"一个决策者在面临几个可供他选择的方案时，会选择一个能令他的效用得到最大满足的方案"[①]。可见，经济学的理性选择范式包含这样几个基本假设：第一，个体行动者都是自身利益最大化的追求者；第二，特定情境中存在着多个可供选择的行动方案；第三，行动者能够对不同的方案进行理性计算和分析；第四，理性选择的标准是自身利益或效用的最大满足。社会学的理性选择理论在经济学的基础上进行了扩展。首先，社会学的"理性"强调的是"个人有目的的行动与其所可能达到的结果之间的联系的工具性理性"[②]。其次，社会学同样认为，不同的行动会产生不同的效益，而行动者的行动原则就是为了最大限度地获取效益。但这里的

---

① 林毅夫：《小农与经济理性》，《农村经济与社会》，1988 年第 3 期。

② 李培林：《理性选择理论面临的挑战及其出路》，《社会学研究》，2001 年第 6 期。

"效益"，并不仅仅局限于狭窄的经济领域，还包括政治、社会、文化、情感等多领域的内容。最后，社会学的理性选择理论更关注众多个体理性选择的后果，而不是单个个体的理性行动。因此，社会学的理性选择理论试图在经济学相关理论的基础上，解释更为广泛的社会行为，其特征可概括为：以宏观的社会系统行动为研究目标，以微观的个人行动为研究起点，以合理性说明有目的的社会行动。[①]

那么，农民的行为是否具有理性呢？这一问题曾引起学术界一场旷日持久的论争。以恰亚诺夫、斯科特等为代表的"生存小农"或"道义小农"观认为，小农生产的主要目的是满足家庭的消费需要[②]，其行为的主导动机是"回避风险"和"安全第一"[③]，因此，小农的行为多受生计原则和道义原则支配，而非追求利润最大化。以舒尔茨、波普金等为代表的"理性小农"观则认为，农民与资本主义企业一样，都受经济理性的支配，都是趋利避害、追求利润最大化的投资者。在合适的条件下，小农也会努力寻求各种可能的获利机会，并实现现有生产要素的最优配置。[④]因此，小农也是一个在权衡长、短期利益之后，为追求最大利益而做出合理生产抉择的理性经济人。以黄宗智等为代表的"综合小农"观则认为，家庭小农是一个生产和消费合一的统一体，既是追求利润者，又是维持生计的生产者，也是受剥削的耕作者，因此兼具生存理性和经济理性等多种特征，他们会在不同的条件下按不

[①] 文军：《从生存理性到社会理性选择：当代中国农民外出就业动因的社会学分析》，《社会学研究》，2001年第6期。

[②] A.恰亚诺夫：《农民经济组织》，萧正洪译，北京：中央编译出版社，1996年版，第28页。

[③] 斯科特：《农民的道义经济学：东南亚的反叛与生存》，程立显等译，南京：译林出版社，2001年版，第22页。

[④] 舒尔茨：《改造传统农业》，梁小民译，北京：商务印书馆，2006年版，第36—42页。

同的原则行事。①

从根本上来看，上述争论并不是关于农民是否具有理性的论争，而是对农民持何种理性的阐释。从论争中我们看到，农民的行为无疑是具有理性的，只是在不同历史时期、不同生存境遇之下，农民会表现出不同的理性选择。身处"齐颈深水"、随时面临灭顶之灾的小农并不是不想追求利益最大化，而是没有追求利益最大化的条件。"一个有剩余劳力的小农"，之所以会"把投入农场的劳力提到如此高的地步"，是因为在缺乏其他就业机会的情况下，"这样的劳力对他来说，只需很低的'机会成本'（因缺乏其他的就业可能），而这种劳力的报酬，对一个在生存边缘挣扎的小农消费者来说，具有极高的'边际效用'"②。因此，无论是生存理性、经济理性，抑或是综合理性，农民行为选择的"合理性"可以说是不证自明的，"农民基于生存境况所做的选择常常是谋生的最合理方式。农民在生存困境的长期煎熬中世代积累传承下来使其家系宗祧绵延不绝的岂只是理性，那应该称为生存的智慧"③。

不同历史时期、不同生存境遇下的农民会表现出不同的理性选择，因此，对农民行动选择的理解，必须放在具体的时代背景之中。在传统的农业社会，农民所从事的主要是以种植业为主的传统农业生产，受生产力发展水平、土地制度、市场体系、税收政策、自然灾害等因素的影响，其生产的主要目的是解决家庭成员的温饱问题，而不是追求经济利益的最大化，因此其行为选择表现出更多的生存理性。1949年以后，伴随我国从传统农业社会向现代工业社会的转型，整个社会的经济结构、文化形态、价值观念等都发生了深刻的变化，农民的生存境遇也随之发生巨大改

---

① 黄宗智：《华北的小农经济与社会变迁》，北京：中华书局，2000年版，第5—7页。

② 黄宗智：《华北的小农经济与社会变迁》，北京：中华书局，2000年版，第7页。

③ 郭于华：《"道义经济"还是"理性小农"：重读农民学经典论题》，《读书》，2002年第5期。

变。改革开放之后，工业化、城镇化的快速发展为农民提供了大量的非农就业机会，农民逐渐开启了向外流动的步伐。外出务工对农民的生产、生活甚至价值观念等都产生了深刻的影响。尤其是 2000 年以来，随着务工经济的不断发展，非农收入不断增加，逐渐取代农业收入成为农民家庭收入的主要来源；同时，在工业反哺农业的新工农发展格局中，一系列普惠型农业补贴政策的实施，在一定程度上保障了农业收入的稳定性。收入的整体性提高和生产生活方式的改变，使传统的温饱型农民逐渐向现代化市民转变，与这一转变过程相一致，农民行为的理性逻辑也逐渐从生存理性和经济理性向社会理性转变。①

二、土地利用行为转变中的理性选择

具体到本书的研究，2000 年以后谢村村民对土地开发利用所呈现出的弃耕抛荒、大力发展经济林木等行为，主要是基于以下几种比较利益的考量而做出的理性选择。

（一）理性选择一：大多数青壮年劳动力外出务工

如果缺乏其他就业途径是农民不得不将家庭剩余劳动力"内卷"到有限土地之上的重要原因，那么改革开放以来工业化、城市化以及市场化的快速发展则为农村剩余劳动力的转移提供了机遇。在有了选择机会的情况下，之所以有越来越多的农民选择外出务工而非留守务农，其中一个重要的原因就是人均农业比较收益低于非农收益。农村劳动力的相对价格在很大程度上是由从事农业生产的比较收益来决定的。当农业收益整体难以提高、人均农业比较收益低于非农收益时，增加农民人均比较收益的有效方式就是减少从业人数，即农村劳动力人口过剩了，需要向非农领域转移。如果农民人均农业比较收益高于非农收益，那么所谓农村劳动力过剩的情况就会消失，农村可能面临的就不是劳动力的

---

① 饶旭鹏：《农户经济理性问题的理论争论与整合》，《广西社会科学》，2012 年第 7 期。

外流，而是劳动力向内转移的问题了。[1]

以谢村一个5口之家为例来对比当前农业收益和务工收入之间的差距。这5口之家包括一对老年夫妇（60岁左右）、一对中年夫妇（35岁左右）和一个孩子，约8亩耕地。老年夫妇在家种地兼照顾孩子，中年夫妇外出务工。8亩土地上，5亩种植粮食作物，3亩种植经济作物花椒。5亩粮食作物除去成本及家人生活所需，年净收益大约为0.3万元；3亩花椒按2016年的市场价格估算，年净收益大约为1.8万元。即理想状态下8亩耕地的年净收益大约为2万元。进城务工的中年夫妇，两个人每个月的工资收入至少为0.6万元，除去基本生活开支，年净收入也有4万元左右。显而易见，外出务工的收入远远高于留守务农的收入。在这样的收入格局中，越来越多的农民认为，种地只能解决温饱，要想发家致富还得靠外出务工。

如果青壮年劳动力选择留守务农，想要达到与外出务工相当的收入水平，可以通过转入土地、扩大经营规模、以机械替代人力等方式。然而如前所述，在黄土丘陵地区，地势高低起伏、土地支离破碎，无法进行大规模的机械化生产，因此规模经营受到了限制。如果承包土地发展经济作物，则在农忙时节需要雇佣大量的劳动力，受资金和劳动力价格的影响，其经营规模也受到限制。此外，雨养农业的代名词是"靠天吃饭"，在十年九旱的黄土高原地区，农业生产面临着巨大的自然风险，农业收入往往难以得到保障。基于上述多种因素的考虑，谢村大多数的青壮年劳动力更愿意外出务工，而不愿选择留守务农。

在上述比较利益的权衡中，越来越多的青壮年劳动力选择外出务工，留守在家从事农业生产的大都是年老体弱者，即形成了"以代际分工为基础的半工半耕家计模式"。从理性选择的角度来看，这一模式是农民在追求家庭经济利益最大化的过程中，结合不同年龄劳动力优势，对家庭劳动力资源的优化配置和灵活组合。

---

[1] 钟声、钟怀宇：《促进农地流转必须提高农业比较收益》，《贵州社会科学》，2009年第4期。

老年农民非农技能少，在城市劳动力市场处于不利地位，但其农业经验丰富，因此留守在家从事农业生产对其而言是合理的选择。相比之下，青壮年劳动力体力强、学习能力强，在城市劳动力市场容易找到收入可观的工作，因此他们更愿意外出务工。

从环境影响的角度来看，劳动力的大量非农化转移在一定程度上减小了村内人口的环境压力，为村民环境行为的转变提供了空间。当农民只能将大量剩余劳动力"内卷"到有限的土地之上，并希望通过努力从土地中获取更多的产出时，对土地的开发利用强度必然会不断增强，当这一强度超越了土地承载的限度时，就可能造成环境恶果。20世纪八九十年代，谢村村民对环境资源的过度开发利用行为，就是在不断增加的人口压力之下，为满足人们的日常需求而产生的。过度开发行为最终对环境造成了不利影响，树林砍伐与十年大旱交织在一起，使得沟底流水断流，沟边泉眼干枯，人畜饮水日益困难。2000年之后，60%以上的青壮年劳动力转移到了城市，留守的劳动力对土地的开发利用方式和强度随之发生转变。这些转变就是接下来要分析的另外两种理性选择。

（二）理性选择之二：抛荒不适宜耕种的土地

将土地视为"命根子"的农民，为何会出现弃耕抛荒的行为呢？在劳动力缺乏、耕地质量较差、土地流转困难等因素之下，隐含的是比较利益考量下的理性选择。如前所述，在比较利益的驱动下，大部分青壮年劳动力选择了外出务工，留守种地的大多数是年老体弱者，这是当前农村地区部分耕地被抛荒的前提性社会背景。进一步看，我们可以根据劳动力胜任耕种家庭承包地的情况将留守务农者分为以下三种：一是劳动力较弱（65岁以上），勉强能耕种家庭承包地者；二是劳动力还可以（55岁至65岁），基本能耕种家庭承包地者；三是劳动力较强（55岁以下），除了能耕种自家的承包地，还可以适量转入他人的土地者。不同类型的留守者种地的目的不同，其进行行为选择时的考量也不尽相同。

对于上述第一种留守务农者而言，他们种地的主要目的是在力所能及的情况下获取基本生活所需。他们在进行耕种行为选择时，考虑的主要是自身的体力状况。在黄土高原地区，耕种那些偏远、质量较差的土地，往往需要投入双倍甚至更多的体力，却只能获取一半甚至更少的产出。对于年老体弱的留守者而言，这就成了耕之无力、弃之可惜的"鸡肋"了，用他们自己的话说，就是"费了半天劲，也收不了多少粮食，把身体累垮了不划算，不如荒着"。

对于第二种留守务农者而言，他们种地的目的除了满足基本的生活需求之外，还希望尽可能地获取最大的经济利益。如果没有打零工的机会，为了充分利用自身的劳动力，他们会选择继续耕种较差的土地而不是将其抛荒；相应的，如果可以获取打零工的机会，他们则会在务工收益的比较优势下，选择将较差的耕地抛荒。总体来看，这种留守务农者会根据自身的具体情况选择耕种或抛荒较差的土地。

对于第三种留守务农者来说，他们除了耕种自家的承包地之外，还希望通过转入他人土地以获取与外出务工相当的收入。但他们对转入土地的质量是有要求的，基于劳动力投入和收益大小的考量，他们不会转入质量较差的土地来经营。这样一来，那些无人耕种又无人转包的土地就被抛荒了。

综上所述，伴随劳动力的大量非农化转移，当农民的生存性依赖逐渐从土地上剥离，人们有更多的从务工中获取高于务农收入的机会时，黄土高原地区的留守务农者基于理性选择的考量，逐渐将一部分位于山顶或陡坡、原本就不适宜耕种的土地抛荒了。

从环境后果来看，弃耕抛荒对于黄土高原地区的生态恢复、环境改善、水土保持等产生了明显效果。弃耕抛荒是在人为干预较少的情况下，依靠自然植被的恢复演替、土壤理化性质的改变等过程来达到生态修复目的的一种方式，是黄土高原生态治理的重要途径之一。随着抛荒时间的延长，土地植被逐渐恢复，土壤的生物含量和养分含量不断增加，土壤的养分积累不断改善，从而与植被恢复形成相互促进的良性循环。随着植被的恢复和演替，土壤的抗冲性和透水性不断增强，从而有效减缓了水土流失。

（三）理性选择之三：大力发展经济林

一般而言，农民可以既种植粮食作物，又种植经济作物。种植粮食作物属于自给性生产，主要是为了满足家庭成员的温饱所需；种植经济作物则是商品性生产，通过满足市场需求而获取货币，是传统农民积累财富的主要方式。在理想状态下农民会根据自己所掌握的各种信息，合理安排粮食作物和经济作物的种植比例，使有限的土地既能满足家庭成员的温饱所需，又能最大限度地积累财富。然而，传统时期的农民受人多地少、自然灾害等多种因素的影响，几乎没有追求经济利益最大化的空间和机会。因此，在自给自足的自然经济条件下，在"安全第一"的生存压力下，传统农业形成的是一种以粮食作物为主的生存型农业种植结构。

改革开放以后，农民的生存境遇发生了巨大变化，农业种植结构也随之转变，转变的总体趋势是粮食作物的比例逐渐减少，经济作物的比例逐渐增多。首先，家庭联产承包责任制的实施不仅解放了农业生产力，而且使农民的致富欲望得到了释放，在温饱得到满足以后，如何发家致富成为广大农民追求的目标。其次，随着市场经济的不断发展，农民逐渐被卷入市场体系之中。在现代市场经济理性的浸润下，农民逐渐认识到，与面向生存的粮食作物相比，面向市场的经济作物具有更大的获利空间。因此，逐渐摆脱生存压力的农民，学会了如何根据市场需求来合理地安排粮食作物和经济作物的种植比例。最后，劳动力的大量非农化转移也对农业种植结构的转变产生了深刻影响。一方面，村庄人口大量外流之后，村庄内部对粮食的需求总量减少，粮食种植面积也逐渐减少；另一方面，随着务工收入的不断增加，农民对土地的生存性依赖逐渐降低，土地因此有了更多种植经济作物的空间。

在上述因素的共同作用下，村民为了追求更多的收入，在逐渐缩小粮食作物种植面积的同时，不断扩大经济作物的种植面积。

甘谷县特色经济林的大面积种植是在 2000 年以后。在此之前，受人多地少的土地资源状况和十年九旱的气候条件影响，温饱问题一直是该地区的农民面临的最为紧迫的问题，因此，以粮食为主的农业种植结构一直到 20 世纪 90 年代仍未得到根本转变。2000年之后，随着务工经济的不断发展，当务工收入成为家庭收入的主要来源、60% 左右的村民都转移到了城镇之后，粮食作物的种植面积逐渐缩小，经济林的种植面积逐渐扩大。从谢村来看，目前经济林的种植面积已超过 50%。

2000 年之后，甘谷县特色经济林的发展是政府政策推动和市场需求拉动共同作用的结果。政府退耕还林等相关工程的实施，是甘谷县大力发展特色经济林的重要推动力量。与生态林相比，经济林的发展能为村民带来更加切实可观的经济价值，因此更容易得到村民的响应和支持。同时，花椒、苹果等经济树种的选择，也结合了当地的自然条件及气候特征。花椒、苹果等是适合干旱气候下生长的树种，因此能够得到较好的发展。除了相关政策的推动之外，市场需求也是经济林能够大面积发展的重要拉动力量。食品消费结构的转变使蔬菜水果的市场需求不断增加，市场价格不断提高，比较收益也因此更高，进而带动农业种植结构逐渐从传统的以低值粮食作物种植为主转向现代的以高值蔬菜水果种植为主。甘谷县花椒、苹果等经济林的大面积发展，正是在这一市场背景之下发生的。按 2016 年的市场行情计算，一亩花椒的净收益可达 6000 元，是一亩粮食作物净收益的 6 倍多，在如此悬殊的比较收益之下，花椒种植面积不断扩大。

从环境后果来看，经济林的大面积发展有利于黄土高原的水土保持。以粮食为主的农业种植结构使地表植被覆盖过于单一，在一年一熟的耕作制度下，粮食收获之后，大面积的黄土长时间裸露在外，不利于黄土高原的水土保持。相比之下，经济林木无论在生长季节还是在收获之后，都有植株立于土壤之中，对耕地的水土保持更为有利。从植被覆盖结构来看，人们出于耕种收获的便利性考虑，一般会选择在地势较低、坡度较缓的地上种植粮食作物，而在地势较高、坡度较陡的地上种植经济林木，再加上山顶被抛荒之后逐渐变成草地，依地势高低就形成了"荒草（山顶）—经济林木（陡坡）—粮食作物（缓坡）"的地面植被覆盖结构。这样的植被覆盖结构与粮食作物覆盖结构相比，更加有利于水土的保持。

综上所述，在2000年之后的这一时期，黄土高原的村民在青壮年劳动力大量非农化转移的背景下，对土地的开发利用行为发生了转变。劳动力的非农化转移是一个"去内卷化"的过程，在这一过程中，一部分村民从村庄外部获取了更大的生存空间和更多的生活资源，从而减轻了村庄内部的人口环境压力，为村庄内部的行为转变提供了机会和空间。在此背景下，村民对土地开发利用行为的转变，主要表现在弃耕抛荒和大面积发展经济林方面。这些转变都是在比较利益的驱动下理性选择的结果。从环境后果来看，弃耕抛荒和经济林木的发展从总体上减轻了村民对土地开发利用的强度，对该地区的生态恢复和水土保持具有积极的作用。

第六章 黄土高原生态与经济协同共进之路

前面章节在社会变迁的宏观背景下，通过对不同时期谢村村民的环境行为及其环境后果的深描和分析，呈现出中华人民共和国成立以来黄土高原地区环境变迁的图景。本章从结构与行动的关系视角出发，在总结影响环境行为演变的结构性因素的基础上，进一步探讨黄土高原地区生态恢复与经济发展协同共进之路。

第一节 结构变迁中的环境行为演变

行动是结构中的行动，人们持续不断的行动在构成结构的同时，又会受到结构的形塑和制约。本书的研究路径，正是以村民的环境行为为切入点，通过对不同结构性背景下的不同环境行为的考察，在宏观的层面反思黄土高原地区的环境变迁问题。在不同的发展阶段，村民的环境行为之所以呈现出不同的内容和特征，与当时所处的政治、经济、文化等社会条件是息息相关的，因此，我们必须将环境行为置于宏观的结构性背景之中进行研究。总体来看，影响黄土高原村民环境行为的结构性因素主要有以下几个方面。

首先，国家与农村及农民关系的变化是影响村民环境行为演变的重要因素。

1949 年以后，党和国家逐步在广大农村建立起了人民公社体制。一方面，人民公社的组织运行机制使国家政权深刻嵌入乡村社会内部。通过经济上的集体化、政治上的党政合一等，实现了党对乡村社会的统一领导；通过各种乡村干部培训机制将乡村干部纳入国家的权力体系中，使乡村干部成为国家治理乡村社会的强力纽带和组织媒介；通过社会主义宣传和教育，使村民对社会主义、爱国主义和集体主义价值观从内心产生认同。另一方面，在生产资料的集体所有制下，农民的生产生活都高度依附于集体，集体可以实现对劳动力的统一安排、统一调配。此外，持续不断的社会主义宣传和教育，让很多村民的劳动热情和革命奉献精神在集体行动中被激发和调动起来。正是如此，人民公社时期的乡村能够在生产、生活和技术条件都十分有限的情况下，主要依赖村民的体力付出，完成大量的诸如修梯田、筑大坝等环境改造工程。对于黄土高原地区而言，以梯田建设为核心的环境改造工程不仅改善了农业生产条件，提高了土地产出，同时也达到了减缓水土流失，改善环境的目的。

改革开放以后，国家与乡村、村干部与村民之间的关系发生了变化。在国家与乡村之间，随着国家权力的逐步上移和工作重心向经济发展转移，国家对村庄的指令性计划逐渐减少，两者之间的互动主要体现在税费收缴和计划生育等几个方面。在村干部与村民之间，家庭联产承包责任制的实施使得村干部能管理的公共事务逐渐减少。获得土地承包经营权的村民，其生产和生活也不再高度依赖于集体。对于村民而言，集体共同体的解体使他们重新成为相对独立的个体，其间的关系逐渐回归到以血缘、亲缘、和地缘为基础的私人关系，个人致富成为他们的主要关注点。在这一系列变化的影响下，作为国家与村民之间的重要纽带，村干部的处事态度和行事风格也逐渐转变。在具体工作中，他们需要既完成上级下达的任务，又顾及与村民之间的关系，"两头不得罪"逐渐成为他们的处理原则。在这种背景下，谢村村民滥砍集体树林的行为，最终导致了"公地悲剧"的发生。

随后，伴随农村税费改革的推进和其他相关配套改革措施的完善，我国总体进入"以城带乡、以工补农"的发展阶段。中共中央从 2004 年至 2023 年连续 20 年发布以"三农"为主题的一号文件，对深化农村改革、调整农村经济结构、增加农村及农业投入、拓宽农民就业渠道、促进农民收入持续增长、全面推进乡村振兴、建设农业强国等工作作出了全面安排和部署，逐步形成了系统的支农、惠农、强农和富农政策框架，并投入了大量的惠农资金。基层政府与乡村社会的关系也逐渐由管理型向服务型转变，乡村的工作重心也逐渐从税费收缴、计划生育等向"三送"（送钱、送物、送政策）转变。除了"少取、多予"之外，国家还强调继续推进农业和农村经济结构的调整，通过市场供求关系的变化和人们消费结构的变化来引导农产品结构的优化。在国家的退耕还林、《全国优势特色经济林发展布局规划（2013—2020 年）》和《林草产业发展规划（2021—2025 年）》等相关政策的推动下，黄土高原地区的特色经济林建设实现了快速发展。大面积种植经济林不仅增加了黄土高原地区的植被覆盖度、改变了植被覆盖结构，达到改善生态环境、治理水土流失的生态效果，而且引导农民逐渐转变了对土地的利用方式，从而达到了优化产业结构、转变农业发展模式、提高农民收入、促进人与自然和谐共生的经济、社会与生态的综合效益。

其次，在不同的经济发展阶段，村民的环境行为呈现出不同的模式和特征。

1949 年以后，在复杂的国际国内形势下，国家做出了优先发展重工业的战略选择。优先发展重工业需要巨额的资金投入，在资金相对短缺的情况下，国家一方面将有限的资金大部分投向了工业建设；另一方面，又将农业经济纳入国家的统一控制之下，并通过"统购统销"、"以粮为纲"、工农业产品"剪刀差"等一系列措施，来达到"以农补工"的目的。如此一来，如何较快较好地发展农村集体经济成为当时党和国家面临的一大难题。在此背景下，不畏艰难困苦，以发展生产、改变贫穷落后状态的大寨，逐渐引起了党和国家领导人的高度重视，并将其作为自力更生、艰苦奋斗的典型，在全国掀起了一场轰轰烈烈的"农业学大寨"

运动。依靠集体力量，治山治水、改土造田，通过改善农业生产条件来提高粮食产量，是大寨发展的重要经验，因此，农田基本建设成为"农业学大寨"的重要组成部分。正是在"农业学大寨"的号召下，作为红旗大队的谢村，在人民公社时期组织全村村民完成了修梯田、筑大坝、植树造林等环境改造工程。

家庭联产承包责任制的实施，使农民在公社体制下受到抑制的发家致富欲望得到了充分的激发和释放。土地承包经营权的获取，使农民的农业收入与土地经营的努力程度直接关联，农民的生产积极性因此被充分调动起来，农业产出效率快速提高，经营性收入随之增加。在农业生产快速发展的同时，家庭副业逐渐繁荣起来，再加上乡镇企业的异军突起，农闲时外出务工的人数逐渐增多，农民的非农收入不断增加。因此，改革开放初期的农村经济在整体上呈较快发展的态势，农民的收入也有了较大幅度的提高。但同时，这一阶段的农村经济发展也具有明显的局限性。一方面，家庭联产承包责任制变革所带来的效益在20世纪80年代中后期以后日趋递减；另一方面，受农产品市场价格、农业生产成本等多方面因素的影响，农业收入的增长速度在20世纪90年代逐渐放缓。此外，受工业化发展水平的限制，农民的非农收入也处于不稳定且有限的状态。总体而言，这一时期是农民收入水平有所提高，但又受到诸多限制的时期，非农收入虽然呈增长趋势，但农业收入仍然是农民收入的主要来源。在这一背景下，谢村村民对环境和资源进行了过度开发和利用：一方面，人们不断加大了对土地资源的开发利用强度，除了精心耕种已有的责任地之外，还将一切可以利用的沟坡地都开发出来种上了庄稼；另一方面，为了满足建材和薪柴的需求，逐渐将集体时期栽种的树林砍伐殆尽。

21世纪以来，我国经济发展呈现出一系列新的阶段性特征。在这一阶段，实现农民收入持续增长、缩小城乡居民收入差距、促进城乡经济社会一体化等成为党和国家的头等大事。从产业结构的变化趋势来看，农业在国民经济中的比重日益下降，1980年第一产业增加值占国内生产总值的比值为30.2%，2000年下降为15.1%[1]，到2014年这一比值下降为9.2%[2]，从此进入10%以下的新时期。与之相对应，第三产业所占的比值逐渐上升，到2013年上升为46.1%，开始超过第二产业（43.9%）[3]，成为国民经济增长的主导力量。从农民收入的增长情况来看，2000年以后农民收入恢复增长，并从2004年开始实现了"十四连增"。在农民收入持续增长的过程中，工资性收入所占的比例越来越高，并逐渐成为农民收入的主要来源，可见，工业化、城市化的快速发展所带来的农村劳动力的非农就业已成为农民增收的主要途径。此外，转移性收入占比明显提升，说明政府的一系列惠农政策也在一定程度上促进了农民收入的增长。

上述经济发展趋势意味着有大量的农村劳动力从农业中转移出来。另外，政府对农业的支持力度和强度也逐渐增强。劳动力的非农化转移，使一部分村民从村庄外部获取了更大的生存空间和更多的生活资源，从而减轻了村庄内部的人口环境压力，为村庄内部的行为转变提供了机会和空间。政府对农业发展支持力度的增强，则有利于农业内部结构的优化和调整。正是在人口大量转移的契机和政府相关政策的推动下，谢村村民对土地的开发利用行为逐渐发生了转变，主要表现为弃耕抛荒和大面积种植经济林。

随着经济的不断发展，人们的生活水平日益提高，人们对农产品的市场需求也逐渐改变，对粮食的需求有所减少，对蔬菜水果、鱼肉禽蛋的需求不断增加。市场需求的这一变化促使蔬菜水果的市场价格不断提高，其比较收益也因此提高，进而带动农业

---

[1] 国家统计局国民经济综合统计司编：《新中国六十年统计资料汇编》，北京：中国统计出版社，2010年版，第10页。

[2] 数据来源于《2014年国民经济和社会发展统计公报》，载国家统计局网站（http://www.stats.gov.cn/sj/zxfb/202302/t20230203_1898704.html）。

[3] 数据来源于《中华人民共和国2013年国民经济和社会发展统计公报》，载中华人民共和国中央人民政府网站（https://www.gov.cn/gzdt/2014-02/24/content_2619733.htm）。

种植结构从传统的以粮食供给为主、以满足数量需求为目标的模式，逐渐向五谷杂粮、蔬菜水果、鱼肉禽蛋综合发展的模式转变。正是在这一市场背景下，甘谷县的花椒、苹果等特色经济林得到了快速发展。

此外，在经济快速发展的同时，生态环境问题日益凸显，如何在发展经济的同时保护好环境，成为全社会面临的重要问题。2000以后，我国开启了科学发展的新征程，生态文明建设被提到前所未有的高度。党的十八大报告提出"五位一体"的总体布局，强调将生态文明建设融入经济建设、政治建设、文化建设和社会建设的各个方面和整个过程。习近平总书记的"绿水青山就是金山银山"的发展理念，日益深入人心。党的十九大报告提出"建设人与自然和谐共生"的现代化发展目标。党的二十大报告指出，中国式现代化是人与自然和谐共生的现代化，将人与自然和谐共生作为中国式现代化的重要特征和本质要求之一，进而作出"推动绿色发展，促进人与自然和谐共生"的重大部署。于是，生态脆弱地区的生态环境建设更是成为关注的重点。始于20世纪90年代末的退耕还林工程正是为了保护和改善水土流失地区和土地沙化严重地区的生态环境，以恢复林草植被为重点的系统工程，也正是得益于这一工程的推动，甘谷县的特色经济林得到了快速发展。

最后，农村劳动力的大量非农化转移也是影响村民环境行为演变的重要宏观社会背景。

在以农为主的时期，土地是农民的根基，是农民职业的依赖，几乎承载着农民生存与发展、生产与生活、物质与精神的全部。农村劳动力的非农化转移则通过农民生计方式的转变，使农民与土地之间的关系逐渐发生变化，进而影响着人们对土地开发、利用和处置行为的变化。而在生态脆弱、易于发生水土流失的黄土高原地区，农民利用土地进行农业生产的行为，正是造成环境影响的主要行为。

人民公社时期，农村劳动力向城市的转移受到诸多限制，人们只能留在农村依靠土地为生。从谢村来看，村民被组织起来进行了修造梯田、修筑大坝、植树造林等环境改造行为。从某种程度上讲，环境改造行为是在农业生产之外对剩余劳动力的充分利用，在本质上反映出人们对环境开发利用强度的增强。从全国范围来看，集体时期大规模的毁林开荒、围湖造田等行为，对生态环境是造成了不利影响的。但是从谢村来看，以梯田建设为核心的环境改造行为正好与该地区的水土流失治理措施相契合，在一定程度上改善了生态环境。

改革开放之后，工业化、城镇化的快速发展和人口流动政策的改变，促使农村劳动力逐渐开启了非农化的步伐。然而，受第二、第三产业发展形势以及相关政策变动的影响，20世纪八九十年代农村劳动力的非农化转移无论在数量上还是在收入上都具有一定的局限性。到2000年左右，还有近70%的农村劳动力从事的是农业生产。此时的谢村，受制于西北地区相对落后的工业化和城镇化发展水平，外出务工的人数和时间相对较少，农业仍然是主业。

中华人民共和国成立以后至20世纪80年代末，正好是我国人口急剧增长的时期。在人口急剧增长、外出务工机会有限、农民收入仍然以农业为主的情况下，大量的农村剩余劳动力只能"内卷"到有限的土地之上，并期望从土地中获取更多的产出，这在某种程度上意味着对土地开发利用强度的增强。然而，当这一强度超越一定的限度时，就可能造成环境恶果。谢村村民正是在20世纪八九十年代，在不断增加的人口压力下，加大了对土地资源的开发利用强度。村民对环境资源的过度开发利用行为最终对生态环境造成了不利影响。在多年的大旱中，庄稼连年减产，树林被砍伐之后，林地的蓄水保水功能丧失，沟底的流水断流，沟边的泉眼干枯，人畜饮水日益困难。

21世纪以来，工业经济的稳定发展，第三产业的不断壮大，为农民提供了大量的非农就业机会，我国农村劳动力的非农化转移进入快速发展阶段。到2018年，农民工总量已占到农村劳动力总量的 70% 以上，而且西部地区成为农民工数量增长最快的地区。伴随劳动力的大量非农化转移，工资性收入逐渐成为农民收入的主要来源，传统的以农为主的生计模式逐渐向非农生计模式转变。生计的非农化转变使农民对土地的生存性依赖逐渐降低，农民的土地价值观随之改变。对于外出务工的农民而言，土地更多的成为一种"退可守"的心理保障，对于大部分留守务农人员来说，他们也只是想利用有限的劳动力从土地中获取基本的生活保障。土地价值观的变化影响着人们对土地的开发利用方式和行为。在谢村，我们看到，一方面，在劳动力大量外流、耕地质量较差、农业比较收益低、土地保障功能弱化、耕地无法顺利流转等多方面因素的共同影响下，一部分坡度较陡的耕地被抛荒了；另一方面，人口的大量外流减轻了村庄内部的人口环境压力，为农业种植结构的转变提供了机会和空间，特色经济林得到大面积发展。

劳动力的大量非农化转移，不仅使农民与土地之间的关系发生了变化，而且使农民的行动理性逐渐发生了转变。伴随我国从传统的农业社会向现代工业社会转型，整个社会的经济结构、文化形态、价值观念等都发生了深刻的变化，农民的生存境遇也随之改变。外出务工的不断发展、收入水平的不断提高、收入结构的转变以及生产生活方式的改变等，促使农民的行动理性逐渐从传统的生存理性、经济理性向社会理性转变。21 世纪以后，谢村村民对土地的开发利用行为所表现出的从"寸土寸金"到弃耕抛荒、从以粮食作物为主到大力发展经济林的转变，正是基于多方面比较利益的考量而做出的理性选择。

综上所述，我们分别从国家与农村及农民的关系、不同的经济发展阶段、农村劳动力的非农化转移等几个方面，对影响黄土高原地区村民环境行为演变的宏观性结构因素进行了总结性的分析。值得一提的是，结构是一张网，虽然我们基于行文的便利性和论述的清晰性考虑，分别从上述几个方面对不同结构影响下的环境行为进行了分析，但不同的结构性因素之间其实是相互关联、相互渗透、相互影响的。例如，在不同的经济发展阶段，国家与农村及农民的关系不同，农民的非农化机会也不同等。即不同的结构要素之间并不像分析中所呈现的那样界限分明，而是在一个概括性的结构性要素内部，还可以细分出更多的、更为具体的结构性要素，这些要素如同蜘蛛网一般，作为一个共同的整体，对村民的环境行为产生着影响。通过分析我们看到，在人民公社时期、家庭联产承包责任制时期和劳动力大量外流的2000年之后，受不同的结构性因素影响，黄土高原地区谢村村民的环境行为经历了一个从改造到过度开发，再到增绿的过程，相应的，该地区的生态环境也呈现出从相对改善到不断恶化，再到有所恢复的发展趋势。

第二节　内外结合：协同推进黄土高原生态恢复与经济发展

如何走出生态恶化与经济贫困交织的恶性循环，逐渐走向生态恢复与经济发展的互促共进之路，一直是黄土高原等生态脆弱地区所面临的难题。黄土高原所在的地区大部分是农业区，因此，该地区的生态环境问题与农业发展问题息息相关。农民利用土地进行农业生产的行为，既是主要的经济行为，也是造成环境影响的主要行为。

在工业化、城市化还未充分发展，广大农民的生计还未实现非农化转变之前，人们为了满足不断增长的物质生活需要，只能不断加大对现有资源的开发利用强度。当人们的开发利用行为超越了一定的限度时，便会造成环境恶果。如前所述，历史时期的黄土高原地区在经历了农耕不断推进、游牧逐渐退缩的过程之后，逐渐形成了以农业为主的生存格局；1949年以后，该地区又在不断增加的人口压力下，逐渐形成了以粮食作物为主的农业发展模式。这种以农为本、以粮食作物为主的生存格局和发展模式使当地原本就脆弱的生态环境更趋恶化，日趋恶化的生态环境反过来又限制了人们的生产生活水平，从而形成了生态恶化与经济贫困交织的恶性循环。

相比之下，21世纪之后我国社会发展所呈现出的新的结构性特征，则为黄土高原地区的生态恢复和经济发展提供了新的契机。如何利用这一契机，在促进农业发展模式转变的同时，达到生态恢复的目的，是一个值得思考的问题。

一方面，城市化、工业化以及第三产业的快速发展，使越来越多的农民实现了非农化转移，其生计也逐渐向非农化转变，为黄土高原地区的经济发展模式转变和生态环境恢复提供了机会和空间。早在20世纪90年代初期，陆学艺在思考我国农业、农村及农民发展问题的时候，就提出要"反弹琵琶"。即农业、农村、农民问题的解决，主要不在农业本身，也不在农村内部，而是要着力去发展工业和第三产业，去发展城市和加速推进城市化的进程。当农村的大量剩余劳动力在城市找到出路之后，农业、农村、农民的问题也就自然而然地找到了出路。①

对黄土高原地区而言，不断增加的人口环境压力不仅是经济发展所面临的大难题，也是引发生态环境日趋恶化的重要因素。当不断增加的人口只能在有限的土地上"刨"生活的时候，不仅经济难以发展，生态环境也日趋恶化。因此，只有将黄土高原地区的经济发展和生态恢复放在"全国一盘棋"的大格局之中，才能找到解决问题的根本出路。目前，我国的经济社会正逐渐向城乡一体化的方向发展，第二、三产业的持续稳定增长将带动越来越多的农村劳动力向非农产业转移。和全国其他农村地区一样，黄土高原地区正在经历的农村劳动力的大量非农化转移过程，不仅是一个经济发展的"去内卷化"过程，而且是一个农村人口环境压力向外转移的过程。在这一过程中，超过半数的村民从农村及农业生产中转移出去，在第二、三产业的发展之中获取了更大的生存空间和更多的资源，从而减轻了村庄内部的人口环境压力。随着村庄人口的减少，对粮食的需求总量随之减少，从而使以粮

---

① 陆学艺：《农村改革、农业发展的新思路：反弹琵琶和加快城市化进程》，《农业经济问题》，1993年第7期。

食为主的种植结构有了转变的空间，农业发展模式的转变为生态环境的恢复提供了机会。

另一方面，在农产品消费结构升级的背景下，农业供给侧结构性改革为黄土高原地区农业发展模式的转变带来了新的机遇。目前，我国农业发展的主要矛盾已从总量不足转变为结构性矛盾，矛盾的主要方面在供给侧。改革开放以来，以"保增产"为核心的增产型农业政策促进了农业综合生产能力的提高，使农产品总量供给不足的矛盾大体上得到了解决。然而，伴随经济的持续发展，城乡居民的收入水平和生活水平的提高，人们对农产品的消费结构也不断升级，逐渐从传统的以满足温饱为目标的粮食消费为主向营养和品质并重的五谷杂粮、蔬菜水果、鱼肉蛋奶等全面均衡消费模式转变。消费结构的上述转变，使部分农产品供求结构性失衡的问题日益凸显，在这一新的发展形势下，国家的农业发展战略和政策也做出了相应的调整。为坚持农业农村优先发展，全面推进乡村振兴，加快农业农村现代化，国务院印发《"十四五"推进农业农村现代化规划》；为保障粮食等重要农产品供给安全，加快种植业全面转型升级，推进种植业高质量发展，农业农村部编制了《"十四五"全国种植业发展规划》。国家对农业和农村发展的整体部署和要求，为农业种植结构的调整，农产品品种经济结构和区域布局继续优化，以及粮经饲统筹、农牧结合、三大产业的融合发展等都带来了机遇。

从自然生态条件来看，黄土高原地区并不适宜发展大面积的粮食种植。因此，在农村人口大量外流的背景下，基于区域农业统筹发展的考虑，可适当减少该地区粮食作物种植面积，稳步发展特色林果业以及适度规模的草食畜牧业等。从经济发展的角度来看，与粮食作物相比，特色林果业和畜牧业的比较收益更高，而且其加工、储存、运输的过程能够带动当地第二、三产业的发展，因此其适度发展不仅具有调整农业产业结构的效果，而且有效促进了农村经济的发展和农民收入的增加。从生态环境效果来看，经济林和饲草地的大面积发展，在一定程度上增加了当地的植被覆盖度，可以减缓水土流失，有利于生态环境的恢复。我们在谢村所看到的正是这一发展趋势，一方面，一部分位于山顶或陡坡的耕地被弃耕抛荒后长成了草地；另一方面，在国家政策和市场需求的共同作用下，特色经济林得到了快速发展。这一发展趋势在本质上与历史时期"农耕进、林草退"的发展路径刚好相反，是一个"农耕退、林草进"的发展过程。从这个发展趋势来看，随着该地区农村人口的进一步减少，其农业种植结构还有进一步转变的空间。这样一来，则将有更多的耕地转变为林地或草地，从而在转变农业发展模式的过程中促进生态环境的恢复。

综上所述，在当前我国社会发展所呈现出的新的结构性特征背景下，一方面，通过城市化、工业化和第三产业的持续稳步发展，减小村庄内部的人口环境压力，为农业发展模式的转变和生态环境的恢复创造更多的机会和空间；另一方面，抓住农产品消费结构升级、国家大力推进农业供给侧结构性改革的机遇，通过促进农业发展模式的转变，使黄土高原逐渐走上生态恢复与经济发展的互促共进之路。

参考文献

一、专著类

［1］安东尼·吉登斯.社会的构成：结构化理论纲要［M］.李康，李猛，译.北京：中国人民大学出版社，2016.

［2］陈阿江.次生焦虑：太湖流域水污染的社会解读［M］.北京：中国社会科学出版社，2012.

［3］陈吉元，陈家骥，杨勋.中国农村经济社会变迁（1949—1989）［M］.太原：山西经济出版社，1993.

［4］费孝通.费孝通文集（第9卷）［M］.北京：群言出版社，1999.

［5］费孝通.费孝通文集（第10卷）［M］.北京：群言出版社，1999.

［6］洪大用.社会变迁与环境问题：当代中国环境问题的社会学阐释［M］.北京：首都师范大学出版社，2001.

［7］黄宗智.中国的隐性农业革命［M］.北京：法律出版社，2010.

［8］马克思恩格斯文集（第五卷）［M］.北京：人民出版社，2009.

［9］马克斯·韦伯.经济与社会（上卷）［M］.林荣远，译.北京：商务出版社，1997.

［10］马立博.中国环境史：从史前到现代［M］.关永强，高丽洁，译.北京：中国人民大学出版社，2015.

［11］孟德拉斯.农民的终结［M］.李培林，译.北京：社会科学文献出版社，2005.

［12］帕森斯.社会行动的结构［M］.张明德，夏翼南，彭刚，译.南京：译林出版社，2003.

［13］乔纳森·H.特纳.社会学理论的结构［M］.邱泽奇，张茂元，等译.北京：华夏出版社，2006.

［14］曲格平，李金昌.中国人口与环境［M］.北京：中国环境科学出版社，1992.

［15］史念海.黄土高原历史地理研究［M］.郑州：黄河水利出版社，2001.

［16］王晗.陕北黄土高原的环境（1644—1949年）［M］.北京：中国环境出版集团，2020.

［17］吴毅.村治变迁中的权威与秩序：20世纪川东双村的表达［M］.北京：中国社会科学出版社，2002.

［18］应星.农户、集体与国家：国家与农民关系的六十年变迁［M］.北京：中国社会科学出版社，2014.

［19］张乐天.告别理想：人民公社制度研究［M］.上海：上海人民出版社，2005.

［20］詹姆斯·C.斯科特.国家的视角：那些试图改善人类状况的项目是如何失败的［M］.王晓毅，译.北京：社会科学文献出版社，2004.

［21］周晓虹.传统与变迁：江浙农民的社会心理及其近代以来的嬗变［M］.北京：生活·读书·新知三联书店，1998.

二、期刊类

［1］包智明，陈占江.中国经验的环境之维：向度及其限度——对中国环境社会学研究的回顾与反思［J］.社会学研究，2011（6）：196-210.

［2］陈阿江，邢一新.缺水问题及其社会治理：对三种缺水类型的分析［J］.学习与探索，2017（7）：17-26.

［3］陈涛，左茜．"稻草人化"与"去稻草人化"：中国地方环保部门角色式微及其矫正策略［J］．中州学刊，2010（4）：110-114.

［4］陈英，谢保鹏，张仁陟．农民土地价值观代际差异研究：基于甘肃天水地区调查数据的实证分析［J］．干旱区资源与环境，2013（10）：51-57.

［5］崔凤，唐国建．环境社会学：关于环境行为的社会学阐释［J］．社会科学辑刊，2010（3）：45-50.

［6］高海东，李占斌，李鹏，等．基于土壤侵蚀控制度的黄土高原水土流失治理潜力研究［J］．地理学报，2015（9）：1503-1515.

［7］郭于华．"道义经济"还是"理性小农"：重读农民学经典论题［J］．读书，2002（5）：104-110.

［8］贺雪峰．农村社会结构变迁四十年：1978—2018［J］．学习与探索，2018（11）：59-65.

［9］李超，周正朝，朱冰冰，等．黄土丘陵区不同撂荒年限土壤入渗及抗冲性研究［J］．水土保持学报，2017（2）：61-66.

［10］李培林．理性选择理论面临的挑战及其出路［J］．社会学研究，2001（6）：43-55.

［11］李振朝，韦志刚，文军，等．近50年黄土高原气候变化特征分析［J］．干旱区资源与环境，2008（3）：57-62.

［12］陆学艺．农村改革、农业发展的新思路：反弹琵琶和加快城市化进程［J］．农业经济问题，1993（7）：2-10.

［13］麻国庆．环境研究的社会文化观［J］．社会学研究，1993（5）：44-49.

［14］潘文轩，王付敏．改革开放后农民收入增长的结构性特征及启示［J］．西北农林科技大学学报（社会科学版），2018（3）：2-11.

［15］桑广书．黄土高原历史时期植被变化［J］．干旱区资源与环境，2005（4）：54-58.

［16］王桂新，潘泽瀚，陆燕秋.中国省际人口迁移区域模式变化及其影响因素：基于2000和2010年人口普查资料的分析［J］.中国人口科学，2012（5）：2-13.

［17］文军.从生存理性到社会理性选择：当代中国农民外出就业动因的社会学分析［J］.社会学研究，2001（6）：19-30.

［18］张玉林.政经一体化开发机制与中国农村的环境冲突［J］.探索与争鸣，2006（5）：26-28.

［19］王晓毅.农村发展进程中的环境问题［J］.江苏行政学院学报，2014（2）：58-65.

［20］朱启臻，杨汇泉.谁在种地：对农业劳动力的调查与思考［J］.中国农业大学学报（社会科学版），2011（1）：162-169.